中国榴莲

栽培技术

■ 周兆禧　林兴娥　主编

中国农业科学技术出版社

图书在版编目（CIP）数据

中国榴莲栽培技术 / 周兆禧，林兴娥主编. --北京：中国农业科学技术出版社，2022.9（2024.3重印）

ISBN 978-7-5116-5928-6

Ⅰ.①中…　Ⅱ.①周…②林…　Ⅲ.①榴莲－果树园艺　Ⅳ.①S667.9

中国版本图书馆CIP数据核字（2022）第 174315 号

责任编辑　周丽丽
责任校对　李向荣　贾若妍
责任印制　姜义伟　王思文

出 版 者　中国农业科学技术出版社
　　　　　北京市中关村南大街 12 号　　邮编：100081
电　　话　（010）82109194（编辑室）　（010）82109702（发行部）
　　　　　（010）82109709（读者服务部）
网　　址　https://castp.caas.cn
经 销 者　各地新华书店
印 刷 者　中煤（北京）印务有限公司
开　　本　170 mm×240 mm　1/16
印　　张　9
字　　数　150 千字
版　　次　2022 年 9 月第 1 版　2024 年 3 月第 2 次印刷
定　　价　50.00 元

　　本书由2020海南省重点研发项目"海南榴莲栽培品种（系）适应性筛选及高效栽培技术研发与示范（ZDYF2020071）"资助。

《中国榴莲栽培技术》

编委会

主　　编　周兆禧　林兴娥

副 主 编　毛海涛　谢昌平　周　祥　卓　斌

参编人员　刘咲頔　刘　彤　谭海雄　明建鸿

　　　　　李新国　高宏茂　陈妹姑　朱振忠

　　　　　叶才华　李明东　宋海蔓　蔡程俊

　　　　　曹秀娟

前 言 PREFACE

　　榴莲（*Durio zibethinus* Murr.）为木棉科（Bombacaceae）榴莲属
（*Durio*）多年生常绿典型热带果树，榴莲原产于马来西亚，现广泛种
植于泰国、菲律宾、越南等地区，享有"热带果王"美誉。榴莲果肉显
著特点是含有大量的糖分，热量高，其中蛋白质含量2.7%、脂肪含量
4.1%、碳水化合物含量9.7%、水分含量82.5%；维生素含量丰富，维
生素A、维生素B和维生素C含量都较高；含有人体必需的矿质元素，
其中钾和钙的含量特别高；所含氨基酸的种类齐全，除色氨酸外，还含
有7种人体必需氨基酸，其中，谷氨酸含量特别高。泰国是最大的榴莲
种植国，年产量90万～95万t，也是世界上最大的榴莲供应国。我国是
世界上最大的榴莲进口国和消费国，目前国内榴莲消费几乎全部靠进
口，2021年，我国鲜榴莲进口量达82.16万t、进口金额42.05亿美元，与
2017年相比，进口量增长59.72万t，增幅达266.16%，平均年增长53%
左右，进口金额增长36.53亿美元，增幅达661.78%，平均年增长132%
左右。目前我国榴莲本土化种植开发属于起步阶段，主要分布在海南南
部市县，种植面积3万亩[①]左右，个别基地已陆续开花结果，未来3～5
年本土榴莲陆续有产量，但由于种植区域有限，仍然满足不了国内庞大

----

① 1亩≈667 m²，15亩=1 hm²，全书同。

的榴莲消费市场，但由于产地在国内，果实可以充分成熟后采收，而进口榴莲由于需要长途运输，果实未充分成熟就需要采收（六七成熟），风味大打折扣。因此，国产榴莲国内市场竞争优势明显，深受消费者青睐，是成为名副其实的高端果品。

2022年4月，习近平总书记在海南考察调研时指出，根据海南实际，引进一批国外同纬度热带果蔬，加强研发种植，尽快形成规模，产生效益。为贯彻落实习总书记的重要讲话精神，海南省委省政府随即组织专家编写了《热带优异果蔬资源开发利用规划（2022—2030）》，其中把榴莲作为特色产业之一重点推进；2022年海南省农业农村厅在《海南省热带特色高效农业全产业链培育发展三年（2022—2024）行动方案》（琼农字〔2022〕147号）中把榴莲作为海南重点支持的17大产业之一；2021年海南保亭县人民政府把榴莲列为"保亭柒鲜"重点培育产业之一。2020年海南省科学技术厅发布《2020年省重点研发计划科技合作方向项目申报指南的通知》（琼科〔2020〕98号文）中明确把榴莲列为重点资助对象，充分说明海南对培育海南榴莲新兴产业的重视。

在国内能大面积种植榴莲的区域也只有海南，从目前的市场行情分析，种植1亩榴莲的收益将超过传统农业10亩以上，必将成为海南优势特色果业之一。榴莲适宜在坡地、丘陵地和平地种植，种植方式灵活多样，可以商业化规模化栽培、房前屋后庭院式栽培和道路两侧栽培。在推进乡村振兴发展中，榴莲作为具有地域特征鲜明、乡土气息浓厚的小众类果树，发展潜力巨大，对促进农民增收，助力地方乡村振兴具有重要意义。

本书由中国热带农业科学院海口实验站（热带果树科技创新中心）周兆禧副研究员和林兴娥助理研究员主编，其中周兆禧负责图书框架及撰写，林兴娥主要负责榴莲的品种特点、生物学特性、生态学习性及相关贸易等内容的撰写，毛海涛负责榴莲果实品质分析，刘咲頔主要负责相关图片资料整理，卓斌、曹秀娟主要负责榴莲基地田间观测资料记录整理；海南大学谢昌平负责榴莲主要病害及其防控技术的撰写；海南大学周祥负责榴莲主要虫害及综合防控技术的撰写，明建鸿负责本土榴莲调研专利，宋海蔓、蔡程俊负责榴莲示范基地管理及种苗繁育技术的撰写，高宏茂负责图片资料整理。书中系统介绍了我国榴莲的发展历史、生物学特性、生态学习性、主要品种（系）、种植技术及病虫害防控等基本知识，既有国内外研究成果与生产实践经验的总结，也涵盖了中国热带农业科学院海口实验站在该领域的最新研究成果。本书图文并茂且介绍详细，技术性和操作性强，可供广大榴莲种植户、农业科技人员和高等院校师生等查阅使用，对我国榴莲的商业化发展具有一定的指导作用，对加快我国榴莲果树产业科技创新，产业发展，促进农业增效、农民增收以及产业可持续发展具有重要现实意义。

本书是在中国热带农业科学院海口实验站团队成员研究成果基础上，并参考国内外同行最新研究进展编写而成的，编写过程中得到海南省保亭县科技工业信息化局的大力支持，得到海南七仙影农业开发有限公司和保亭智农农业发展有限责任公司协助，在此谨表诚挚的谢意！感谢中国热带农业科学院海口实验站谭乐和研究员和海南大学园艺学院李新国教授的无私指导与帮助，感谢陈妹姑和朱振忠研究生的协助。由于水平所限，难免有错漏之处，恳请读者批评指正。

编 者

2022年7月

目　录 CONTENTS

第一章

发展现状

第一节　起源与分布

榴莲（*Durio zibethinus* Murr.）为木棉科（Bombacaceae）榴莲属（*Durio*）的热带常绿乔木，是多年生常绿典型热带果树，果实营养丰富，被誉为"热带果王"。18世纪，德国植物学家 G. E. Rumphius 在其著作《Herbarium Amboinense》中首次使用了"durioen"，随后 durian 被沿用至今。榴莲属有9个可食用的种，分别为 *D. lowianus*、*D. graveolens* Becc.、*D. kutejensis* Becc.、*D. oxleyanus* Griff.、*D. testudinarum* Becc.、*D. grandiflorus*（Mast.）Kosterm. ET Soeg.、*D. dulcis* Becc.、*Durio* sp. 和 *D. zibethinus*（Idris et al.，2011），然而只有 *D. zibethinus* 被广泛种植（Brown et al，1997）。马来西亚商业栽培品种有 D24、D99、D145等。在泰国，榴莲品种根据地名进行注册，如 Monthong、Kradum 和 Puang Manee。马来西亚和泰国的榴莲品种存在同物异名现象，如 D123和 Chanee、D158和 Kan Yao、D169和 Monthong（Husinetal，2018）。与泰国相似，印度尼西亚的榴莲品种也是按照地名进行注册的，如 Pelangi Atururi、Salisun、Nangan、Matahari 和 Sitokong等（Idris et al.，2011；Tirtawinata et al.，2016）。榴莲被认为起源于赤道热带温暖湿润的地区，婆罗洲是其主要的起源中心，现广泛种植于泰国、马来西亚、印度尼西亚、柬埔寨等东南亚国家，在中国海南也有少量种植。

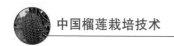

第二节　市场贸易

一、全球榴莲供需情况

在全球贸易链中，榴莲的需求增长令人瞩目，目前，全球榴莲贸易主要由泰国和中国两个国家主导，分别是主要的出口国和进口国。据联合国商品贸易统计数据库（UN Comtrade）统计，2020年全球榴莲进口量为86.68万t，较2016年增加35.46万t，进口额为30.20亿美元，较2016年增长18.02亿美元（图1-1）。其中，泰国是世界上最大的榴莲出口国。2020年泰国榴莲鲜果出口量约为62.09万t，出口额为20.73亿美元；越南榴莲鲜果出口量约为2.80万t，出口额为0.72亿美元；马来西亚榴莲鲜果出口量约为1.70万t，出口额为0.18亿美元。中国内地、中国香港地区和亚洲其他一些国家是榴莲的主要进口国家和地区，2020年中国榴莲鲜果进口量为57.57万t，进口额为23.02亿美元；中国香港地区进口量为26.02万t，进口额为6.29亿美元。全球对榴莲的需求除鲜果外，还包含榴莲相关产品等。

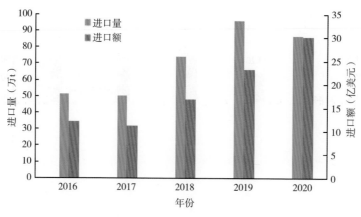

图1-1　2016—2020年世界榴莲进口变化趋势

二、中国榴莲进口情况

我国是全球最大的榴莲进口国和榴莲消费国，我国市场上的榴莲的供应几乎全部依赖进口。据联合国商品贸易组织数据显示，我国榴莲进口量占全球比重达82%。随着近年来我国居民生活水平的提升及消费结构的升级，营养丰富又有着独特风味的榴莲受到越来越多消费者的喜爱。进口水果专卖店中，榴莲是镇店之宝；各种烘培点心中，榴莲口味往往是同类型点心中价格最贵的，也是最受欢迎的。2010—2019年，我国榴莲消费量年平均增长率超过16%，2020年受新冠肺炎疫情影响，消费量有所下降，2021年又快速回升，市场需求量近百万吨。由于我国缺乏大规模商品化的榴莲种植基地，我国榴莲市场将在较长时间内持续保持供不应求的态势。我国市场上的榴莲供给几乎全部依赖进口，进出口贸易逆差极为明显，且呈快速扩大的趋势。

近年来，我国鲜榴莲进口量及进口额快速增长。据中国海关统计，2021年，我国鲜榴莲进口量达82.16万t，进口额42.05亿美元，同比增幅分别为42.66%和82.44%。与2017年相比，进口量增长了59.72万t，增幅达266.16%；进口额增长了36.53亿美元，增幅达661.78%（图1-2）。

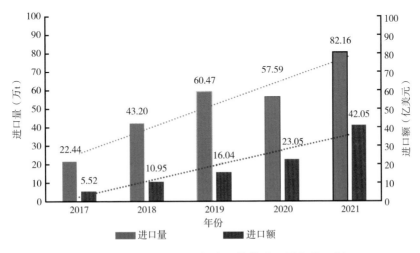

图 1-2　2017—2021 年中国榴莲进口量和进口额

三、中国榴莲发展情况

1. 中国榴莲发展历史

我国最早的榴莲引种记录是1958年海南农垦保亭热带作物研究所从马来西亚引进的实生苗，仅一株榴莲树至今已有60余年，因品种及栽培管理等因素影响，很少结果。20世纪70—80年代，广东、海南均有引种试种，但少有开花结果的报道。2005—2014年海南部分果农及归国华侨分别从马来西亚、泰国、越南等东南亚国家引进猫山王、金枕、干尧等少量榴莲种苗，于2019年保亭三道镇华盛红毛丹基地试种榴莲成功后，在海南省保亭县试种，至今已连续多年开花结果，最高纪录单株年结果可达到50个以上，表明海南部分地区存在榴莲大面积推广种植的可能性（图1-3）。一定程度上论证了保亭的气候土壤存在适种榴莲的可能性。2019年至今，本书编写人员开展了榴莲种质资源收集、保存、评价及栽培技术相关研究，并于2020年获批海南省重点研发项目"海南榴莲栽培品种（系）适应性筛选及高效栽培技术研发与示范"

图1-3　海南保亭榴莲挂果
（周兆禧　摄）

（ZDYF2020071），目前以榴莲种质资源收集、引进、评价和榴莲幼树期营养调控、水肥高效利用、树体综合养护等栽培技术研究为主要内容，现已收集、保存榴莲种质资源40份，初步筛选出适宜海南种植的榴莲种质，并初步总结出一套海南榴莲优质高效栽培模式。目前海南保亭、三亚、乐东和琼海等地种植面积已超过3万亩，其中90%种植于2019—2021年，目前已有少量植株挂果，仍未形成产量，预计2024年后会有产量记录，但也仍然满足不了国内庞大的市场需求。

2.海南榴莲发展政策引导

2019年5月海南省农业农村厅召开海南榴莲产业发展座谈会，指出"要大力发展榴莲仍然存在一些不确定性。如榴莲适宜种植区的选择有待论证，目前仅保亭有成功案例；品种的适应性有待更全面的调研，虽然东南亚国家普遍种植榴莲，气候与我省南部相似，但小气候环境和主栽品种特性仍需做更全面的调研和比较等，以上这些均是关乎我省榴莲产业能否大力发展的关键问题"。2020年6月海南省政府副省长刘平治到保亭调研榴莲引种试种基地，指出"通过试种植能够证实榴莲在海南可以种植，关键是要保证种出来的品质"。他希望保亭加强与有关农业科研院所的合作，为榴莲种植提供科研技术保障，让榴莲能够早日在保亭实现规模化种植，为全省提供可推广的经验，打造海南的榴莲产业品牌。海南省科学技术厅在《2020年省重点研发计划科技合作方向项目申报指南》（琼科〔2020〕98号文）中明确把榴莲列为重点资助对象，充分说明海南省委省政府对培育海南榴莲新兴产业的重视；2022年海南省农业农村厅在《海南省热带特色高效农业全产业链培育发展三年（2022—2024）行动方案》（琼农字〔2022〕147号）中把榴莲作为海南重点支持的17大产业之一；2022年海南省《热带优异果蔬资源开发利用规划（2022—2030）》中把榴莲作为特色产业重点推进；2021年海南保亭县人民政府把榴莲列为"保亭柒鲜"重点培育产业之一。

第二章

功能营养

第一节　营养价值

　　榴莲营养价值高，味道独特，被誉为"水果之王"。榴莲营养丰富，果肉中含有蛋白质、膳食纤维、糖、脂肪和维生素A、维生素C、维生素B$_6$、维生素B$_2$、硫胺素、铁、烟酸、锌、钾、磷、钙和镁等维生素和各种矿物质。榴莲热量极高，食用一份榴莲果肉（约155 g）可提供544～1 059 kJ的能量（Belgis et al., 2016）。榴莲果中氨基酸的种类丰富，其中，谷氨酸含量特别高，能提高机体应激的适应能力。此外还含有黄酮类、多酚类、花青素类成分等（表2-1）。榴莲果肉挥发性成分以含硫化合物（50.79%）为主（高婷婷，2014），果皮挥发性成分以酯类化合物为主（张博，2012），这些含硫化合物具有特殊的气味，构成了榴莲的独特气味。

表 2-1　每100 g 榴莲果肉的营养成分

成分	含量
水分	64.99 g
能量	615 kJ
蛋白质	1.47 g
脂肪	5.33 g
灰分	1.12 g
碳水化合物	27.09 g
总膳食纤维	3.80 g
钙	6 mg
铁	0.43 mg
镁	30 mg

（续表）

成分	含量
磷	39 mg
钾	436 mg
钠	2 mg
锌	0.280 mg
铜	0.207 mg
锰	0.325 mg
维生素 C	19.7 mg
硫胺素	0.374 mg
维生素 B_2	0.2 mg
烟酸	1.074 mg
泛酸	0.230 mg
维生素 B_6	0.316 mg
总叶酸	36 μg
β- 类胡萝卜素	23 μg
α- 类胡萝卜素	6 μg
维生素 A（IU）	44 μg

榴莲作为药食兼用的水果，除鲜食外，还可加工成榴莲糖、榴莲酥、榴莲干、榴莲酱、榴莲粉、榴莲蛋糕、榴莲糕、榴莲冰激凌、榴莲罐头、榴莲月饼等一系列产品，果肉还可用于酿造果酒。

榴莲种子含有大量以杂多糖蛋白质复合物为主要成分的种子胶，其多糖部分主要由半乳糖（50.1%～64.9%）、葡萄糖（29.4%～45.7%）、阿拉伯糖（0.11%～0.89%）、木糖（3.2%～3.9%）等单糖组成，蛋白质部分由亮氨酸（31.78%～43.02%）、赖氨酸（6.23%～7.78%）、天冬氨酸（6.45%～8.58%）、甘氨酸（6.17%～7.27%）、谷氨酸（5.43%～6.55%）、丙氨酸（4.60%～6.23%）、缬氨酸（4.49%～5.52%）等氨基酸组成（Amin et al.，2007；Mirhosseini et al.，2013）。榴莲种子中主要含有低聚原花青素（OPCs）抗氧化剂，抗氧化活性的榴莲种子提取物可以抑制单纯疱疹病毒2型（HSV-2G）的感染（Nikomtat et al.，2017）。此外，榴莲种子含有一些复杂的次生代谢物，可用于制备表儿茶素衍生物，其抗氧化活性比表儿茶素本身更强。因此，榴莲种子可用于制备高附加值食品，而不是作为废弃物丢弃。榴莲果皮含有蛋白质、脂肪、矿物质等丰富的营养物质，内皮的营养成分含量普遍高于外皮（张艳玲等，2015）。从榴莲果皮中提取的多糖凝胶可降低胆固醇、提高免疫力。

第二节　药用价值

近年来，榴莲因其保健价值和营养价值很高而备受关注。榴莲果肉含有大量的酚类、类胡萝卜素和黄酮类等抗氧化成分和具有抗氧化功能的脂溶性维生素（表2-2），具有抗氧化、抗肿瘤和抗菌等多种活性（表2-3），在促进人体健康方面发挥着重要作用（Arancibia-Avila et al.，2008；Isabelle et al.，2010；Dembitsky et al.，2011）。现代医学实验表明，榴莲的汁液和果皮中含有一种蛋白水解酶，可以促进药物对病灶的渗透，具有消炎、抗水肿、改善血液循环的作用，榴莲果实及其提取物具有抗氧化、抗肿瘤、抗动脉粥样硬化、治疗痛经，促进生育等作用。

表 2-2　榴莲鲜果的生物活性成分

成分	含量
类黄酮	（1.523 ± 0.17）mg/g
黄酮醇	（67.05 ± 3.1）µg/g
花青素	（17.12 ± 1.1）mg/g
维生素 C（抗坏血酸）	（5.65 ± 0.2）mg/g
β- 类胡萝卜素	（4.94 ± 0.2）µg/g
多酚	（2.58 ± 0.1）mg/g
总类胡萝卜素	（7.26 ± 0.4）µg/g
单宁	（1.37 ± 0.1）mg/g

表 2-3　每 100 g 榴莲果肉生物活性成分抗氧化值（a/o）

成分	a/o 值
氧自由基吸收能力（ORAC）	1 838 µmol
总类胡萝卜素	306 mg
维生素 E 同系物	4 800 mg

第三章

生物学特性

第一节 形态特征

一、根

榴莲根系分为主根、侧根和须根，根系分布因种苗类型而异。压条、嫁接和实生苗繁殖的种苗根系有显著差异。压条苗根系分布均匀，分布较浅，主根不明显，嫁接或实生苗繁殖的主根发达，从树干向下生长（图3-1）。一般情况下，72%～87%的榴莲根系分布在土壤表层45 cm处，85%的根分布在树的冠层半径内。

图3-1 榴莲实生苗主根发达
（周兆禧 摄）

二、主干

榴莲为常绿乔木，主干明显，植株较高，无性繁殖的榴莲植株可高达37 m，实生苗繁育的植株可以长到40～50 m高，树干直径120 cm，树冠不规则，枝条粗糙，密集或平展。榴莲主干、主枝较脆，易折断，这意味着，榴莲植株抗风性差（图3-2）。

三、叶片

叶片互生，叶片长圆形，有些倒卵状长圆形，单披针形，短渐尖或急渐尖，叶

图3-2 榴莲植株主干明显
（周兆禧 摄）

长10~20 cm，宽3~7.5 cm，其中托叶长1.5~2 cm，叶柄圆形，长约 2.5 cm，侧脉10~12对，正面光滑且明显无毛，亮橄榄色或暗绿色，背 面有贴生鳞片，呈有光泽的青铜色（图3-3）。

图3-3　榴莲叶片（周兆禧　摄）

四、花

榴莲的花量较大，聚伞花序簇生于主干或主枝上，两性花。每个花 序有花3~50朵，花蕾球形，花萼呈冠状，花梗被鳞片，长2~4 cm。 每朵花通常有5束雄蕊和1个雌蕊，每束雄蕊有花丝4~18条，花丝基 部合生。花瓣5片，白色、淡黄色或奶油色，长3.5~5 cm，为萼长的2 倍，雌蕊由柱头、花柱和卵圆形卵巢组成（图3-4，图3-5，图3-6）。

图3-4　榴莲主枝花蕾量大
（周兆禧　摄）

图3-5　开放的榴莲花
（周兆禧　摄）

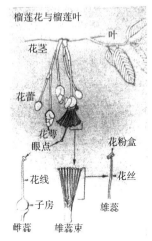

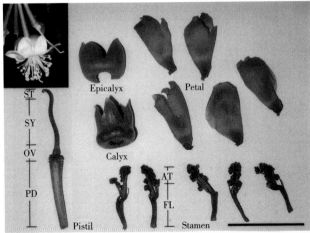

图 3-6 榴莲花的结构

（引自：Hokputsa et al.，2004）

五、果实

  榴莲果实特点是体积大，气味浓烈，果皮坚硬带刺。果实着生在枝条下面的粗壮的花梗上，果实的正上方有一个离区，果柄离区容易造成果实脱离。果实下垂，圆形到长圆形，一般长 15～25 cm，粗 13～16 cm。单果重可超过 3 kg，本土榴莲最大可达 4.5 kg，果壳淡黄色或黄绿色，覆着金字塔形、粗糙、坚硬且尖锐的刺。果实熟时易裂开（图 3-7 至图 3-10）。

图 3-7 榴莲果柄上离层区明显

（周兆禧 摄）

图3-8　裂开的榴莲果实
（周兆禧　摄）

图3-9　保亭榴莲嫁接苗种植后4～5年结果
（丁哲利　摄）

图3-10　海南保亭榴莲丰产植株（周兆禧　摄）

六、种子

果肉分5室，每室有2～6粒与果肉分离的种子，种子形如栗，长3～4 cm，大小因品种而异，周围附生有白、黄白或淡粉红色的柔软的肉质假种皮（果肉）（图3-11）。

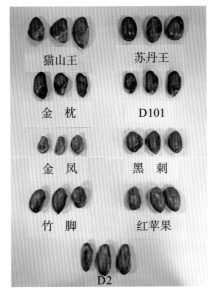

图 3-11 不同品种果实种子（丁哲利 摄）

第二节 发育特点

一、开花特性

开花时，首先在枝条上观察到小丘疹状突起。这些花芽不断发育，一个月后分化成花序，随后进入开花期。花芽在开花前1～2周生长速度最快，开花前一晚花芽急剧增大。在13：00—15：00，花瓣开放前2 h柱头从花瓣中伸出，此时柱头分泌黏液，具有可受性。根据品种气候不同，花药开裂时间为18：00—24：00，柱头可受性和花粉释放之间的时间差影响授粉效果，柱头在花瓣开放之前露出，在13：00—14：00具有可受性，而花瓣在16：00后可开放，大多数商业品种的花粉释放时间为18：00—20：00或稍早一些，开花时间与品种和气候有关。晚上稍晚些时候，花粉粒萌发的能力下降。图3-12由笔者于2022年6月18—19日在保亭基地拍摄的榴莲开花过程，由于榴莲开花在傍晚或者晚上（图3-13），传粉主要靠蝙蝠、果蝠、飞蛾、蚂蚁和大型甲虫。蜜蜂白天觅食，对榴莲授粉的作用很小。

| 15：30柱头伸出弯曲 | 16：30柱头明显弯曲 | 17：30花瓣展开 |

| 18：30雄蕊露出 | 19：30花已完全开放 | 20：30花粉粒开始散发 |

| 23：30雌蕊和雄蕊已完全开放 | 第2天早晨7：30雄蕊已脱落 | 第2天早晨8：30花已凋谢 |

图 3-12　榴莲开花过程（周兆禧　摄）

图 3-13　榴莲夜间开花（谭海雄　摄）

异花授粉显著提高坐果率，坐果率和附着在柱头上的花粉粒数量之间有显著的相关性。花受精后，除子房外，其他部分都在第2天早上凋落。授粉后不久，如果授粉成功，子房增大，花丝变干，没有授粉的情况下，花后7～10 d子房脱落。

大多数榴莲品种表现出自交不亲和性，这种自交不亲和性与花粉活力无关，Monthong、Kradum、Chanee和Kan Yao的花粉在开花前1天至开花当天分别有90%、83%、94%和96%的萌发率。自花授粉的坐果率低于5%，D24榴莲品种异花授粉的坐果率为54%～60%。因此，榴莲果园需要种植多个品种不仅有助于异花授粉，提高坐果率，还可以延长榴莲的市场供应期。在国外，有些果园混种50% D24、30% D99、20% D98或D114，获得了广泛认可。D24为自交不亲和，产量低且果实形状不均匀，当D24与D99、D98和D114混合种植时，D24的产量和果实品质有显著提高。D99为早熟品种，花后90～100 d成熟，D24为中熟品种，花后105～115 d成熟；D98和D114是晚熟品种，花后120～130 d成熟，混种可使榴莲市场供应期延长3周以上。

二、果实发育期

果肉（假种皮）是果实的可食用部分，假种皮在授粉成功后大约4周开始发育。假种皮的颜色、质地和厚度根据品种不同而有所不同。不同的榴莲品种果实形状不同，可根据果实形状区分品种。榴莲果实的形状受种子的影响较明显（图3-14）。未受精或受精不良的胚珠的子房不会发育或者不完整，因此果实的形状就会变得不均匀或成畸形果（图3-15）。

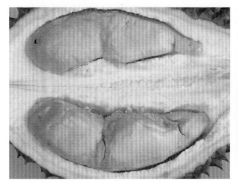 

图 3-14　授粉受精正常的果　　　　图 3-15　授粉受精不良的畸形果
（林兴娥　摄）　　　　　　　　（周兆禧　摄）

榴莲果实生长遵循单S形曲线（Subhadrabandhu et al.，1997）。授粉后2周，果实长度和直径差异不大。第4周后，果实生长迅速，果实长度比直径增长更快。一直持续到第13周后开始减慢，直到第16周果实成熟。Monthong的果实纵向增加比横向快，形成椭圆形的果实。果肉（假种皮）干重在快速生长末期（第12周）到稳定初期（第16周）内迅速增加。从坐果到成熟的时间因品种而异，一般为95～135 d。

三、种子特性

榴莲种子为顽拗型（图3-16），对干燥和高温敏感，一旦处于稍微干燥或暴露在高温下，其活力会迅速丧失，在低温储存下，种子只能保存7 d左右。如果将种子表面消毒后放置在密封容器中，在20 ℃下保存，其活力可以保持长达32 d。

图3-16 榴莲种子（周兆禧 摄）

第三节 环境要求

榴莲产业发展生态指标也称为经济栽培生态指标，经济栽培有一定的区域性。根据国外资料和海南引种栽培的调研分析，榴莲经济栽培最适宜的生态指标是：年平均气温22～33 ℃，最冷月（1月）月平均气温>8 ℃，冬季绝对低温6 ℃以上，≥10 ℃有效积温7 000 ℃以上，未出现5 ℃以下的低温；年降水量1 000 mm以上；年日照时数1 870.3 h以上，土壤pH值5.5～6.0，有机质含量2%以上，风速1.3 m/s。总体要求是不出现严寒，湿度大、温度高、阵雨频繁、风速低、土壤肥沃。

一、温度

榴莲是典型热带果树，它对热量条件的要求较高，年平均温度22 ℃以上，≥10 ℃积温需为7 000～7 500 ℃。全年基本上没有霜冻，

6 ℃时地上部大多嫩梢新叶受寒害甚至冻死。

二、湿度

年平均总降水量2 000 mm以上，且全年降水量分布均匀是榴莲生产的理想条件。

三、土壤

榴莲对土壤适应性较强。山地、丘陵地的红壤土、黄壤土、紫色土、沙壤土、砾石土；平地、山地、丘陵地等，地势高不积水、土层厚、排水良好，有机质含量丰富，喜酸性土壤、土壤的pH值5.5～6.0，碱性土及偏碱性土不宜种植榴莲。

四、光照

榴莲喜阳，光线充足有助于促进同化作用、增加有机物的积累，有利于生长及花芽分化，提高品质。幼树要避免阳光直射，以免灼伤。因此，幼苗定植时需要遮阳防暴晒，提高成活率。

五、风

榴莲惧台风、干热风等，榴莲植株比较脆，易遭受风害，尤其是海南每年的台风季节频发期在7—10月，重点要防台风，另外一般种植在风口上（迎风处）的榴莲基地，稍微大点的风对植株生长发育影响也非常大，通常会把叶片及花蕾吹掉。

第四节 生态适宜区域规划

一、国际分布

榴莲原产地主要有泰国、马来西亚和印度尼西亚等，其他一些种植区域还包括越南、老挝、柬埔寨、斯里兰卡、缅甸等，在美洲也有零星种植分布。

二、国内分布

目前我国海南发展榴莲的地区主要有保亭、陵水、三亚、乐东、万宁、琼中、琼海、五指山等市县，保亭、陵水等地区有陆续挂果，另外儋州、澄迈和海口在试种观测中。本书作者团队近年来将所筛选的榴莲新品系分别于海南保亭、三亚、乐东、五指山、儋州、澄迈、海口等地种植并引进广西龙舟等地区开展试种观测，为后续榴莲本土化种植提供科学依据。

云南西双版纳河口部分地区、广西南部、广东南部等部分地区也有引种观测。

第四章

主栽品种

第一节 主栽品种（系）及其育苗技术

一、泰国品系

泰国已经命名的榴莲品种有200多个，大多是有名的商业栽培品种，根据形态特征将泰国榴莲栽培品种分为六大类，分别为Kob、Luang、Kan Yao、Kampan、Thong Yoi和Miscellaneous（Hiranpradit et al.，1992；Kittiwarodom et al.，2011；Husin et al.，2018）。其中，泰国种植的榴莲品种主要有4种：金枕头（Mon Thong）、青尼/查尼/金尼（Chanee）、干尧/长柄（KanYao/Long Stalk）和金纽（Kradum）。在泰国，金枕头的品种几乎占据半壁江山，其他品种的量则比较少。具体品种介绍如下。

（一）金枕头

又称蒙通。果实大，单果重约3.0 kg（图4-1，图4-2），可溶性

图4-1　金枕果实
（丁哲利　摄）

图4-2　金枕果肉
（丁哲利　摄）

糖含量209.1 mg/g，有机酸含量0.36%，可溶性固形物22.2%，可食率36.05%。果形相对不规则，果壳黄色，果核小，有尾尖，刺较尖，果肉淡黄、奶黄色，果肉多且甜，果期较长，其中口感最佳的是5—6月的泰国东部产区的金枕头，因产量高、价格低、口感好，占据了泰国榴莲80%以上的市场份额。

（二）青尼（Chanee）

单果重1.9 kg，果长21.8 cm，果宽16.4 cm。可溶性糖含量157.395 8 mg/g，有机酸含量0.205 9%，可溶性蛋白13.118 5 mg/g，可溶性固形物19.3%。果实呈圆锥形，果实中间肥大、头细底平，瓣槽较深、果蒂大而短，肉质细腻，果肉呈深黄近杏黄色，果核小，气味和口感较金枕榴莲更加浓郁厚重（图4-3，图4-4）。

 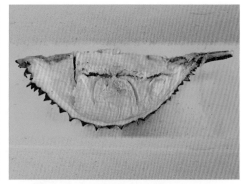

图4-3　青尼果实（陈妹姑　摄）　　图4-4　青尼果肉（陈妹姑　摄）

（三）长柄

又名托曼尼，果形为圆形，果柄比其他品种要长，果壳青绿色，刺多而密，果核圆形，果相对较小，果肉少但细腻味浓，可溶性糖含量366.50 mg/g，有机酸含量0.25%，可溶性固形物30.90%，可食率22.15%（图4-5，图4-6）。

图 4-5 托曼尼果实（刘呋顿 摄）　　图 4-6 托曼尼果肉（刘呋顿 摄）

（四）火凤凰

果实椭圆形，果壳绿色，果刺尖且厚实，果肉黄白色，肉质结实、纤维少，裂很少，香味浓郁，果核锥形，较大，单果重1.3 kg，可溶性糖含量377.98 mg/g，有机酸含量0.24%，可溶性固形物36.97%，可食率20.58%（图4-7，图4-8）。

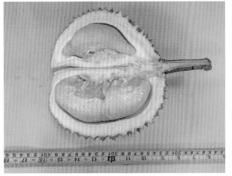

图 4-7 火凤凰果实（高宏茂 摄）　　图 4-8 火凤凰果肉（高宏茂 摄）

二、马来西亚品系

马来西亚的榴莲注册品种多达200多种，分别用D1～D200来编号，最著名的品种有：猫山王（D197）、苏丹王（D24）、红虾（D175）、绿竹、小金凤、红肉（D101）、黑珍珠、橙肉（D88）、葫芦（D163）、XO、MDUR 78、MDUR 79、MDUR 88等，其中，MDUR 78、MDUR 79、MDUR 88均由MARDI品系选育而成的杂交种。主要品种介绍如下。

（一）D197（Musang King/Mao Shan Wong）

又称猫山王，原产于马来西亚，果实卵形，单果重1.7 kg左右，可溶性糖含量274.65 mg/g，有机酸含量0.20%，可溶性固形物32.80%，可食率27.73%（图4-9）。果皮多为绿色，在果实底部会有一个明显的五角星标记，这是猫山王特有的。果肉色泽金黄且明亮，口感细腻、纤维少、微苦、味觉层次过渡自然，果核较小，扁平（图4-10）。

图4-9 猫山王果实（林兴娥 摄）　图4-10 猫山王果肉（林兴娥 摄）

（二）D24

又称苏丹王，植株高大、健壮，树冠开张，呈宽金字塔形。开花有规律，产量高，每个产果季每株可结100～150个果实，全树结果，下层枝结果较多。果实中等大小，单重1.0～1.8 kg，可溶性糖含量289.02 mg/g，有机酸含量0.26%，可溶性固形物32.57%，可食率25.54%，圆形至椭圆形，果皮厚，淡绿色。假种皮（果肉）厚，淡黄色，质地致密，味甜，坚果味，略带苦味。对疫霉菌引起的茎溃疡病极其敏感。此品种常会出现生理失调，导致果实成熟不均（图4-11，图4-12）。

图4-11　苏丹王果实（高宏茂　摄）　图4-12　苏丹王果肉（高宏茂　摄）

（三）D200

又称黑刺，果实圆形，长22.6 cm，宽19.3 cm，单果重2 kg左右，可溶性糖含量412.74 mg/g，有机酸含量0.18%，可溶性固形物34.33%，可食率24.53%，果壳绿色，短粗刺，刺尖顶部呈黑色，果皮厚约1.5 cm，果肉橙黄色，肉厚光滑、鲜嫩细腻，呈奶油状，不含纤维，入口即化。味觉层次分明而又富于变化，种子小（图4-13，图4-14）。

图4-13　黑刺果实（刘咲頔　摄）　图4-14　黑刺果肉（刘咲頔　摄）

（四）D13

又称朱雀，果实近圆形，体型小，单果重1.41 kg左右，可溶性糖含量383.40 mg/g，有机酸含量0.27%，可溶性固形物36.87%，可食率

19.20%，果壳绿色，果刺宽，果底部秃，果柄基部有小穗状突起，果肉深橙色，肉质光滑、偏硬，果核大（图4-15，图4-16）。D13果实采收季一般在每年5—12月。

图4-15　朱雀果实（刘咲頔　摄）

图4-16　朱雀果肉（刘咲頔　摄）

（五）D163

又称葫芦王。果实中等大小，单果重2.3 kg左右，可溶性糖含量394.10 mg/g，有机酸含量0.18%，可溶性固形物30.70%，可食率23.05%，果壳偏黄，刺密而尖锐，果肉呈黄色，口感绵密顺滑，甜中略微偏苦，果核偏小（图4-17，图4-18）。

图4-17　葫芦王果实（刘咲頔　摄）

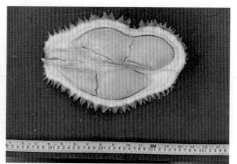

图4-18　葫芦王果肉（刘咲頔　摄）

（六）D175

又称红虾，果壳棕黄色，果刺稀疏，果肉橘色偏红，顺滑可口，奶油味重。该品种果实只在夏季的时候才有。单果重1.6 kg左右，可溶性糖含量351.91 mg/g，有机酸含量0.17%，可溶性固形物35.70%，可食率22.26%。

（七）D145

植株中等，对干旱极其敏感，结果无规律，但平均产量高，全树结果，果实中等大小，重1.3～1.5 kg，圆形至椭圆形，果实易开裂，果皮中等厚度，暗绿色，每室有1～4个排成单列的果包，假种皮中等厚度，鲜黄色，质地细密，微湿，味甜而香、坚果味，果肉品质好。对疫霉菌引起的茎溃疡病极其敏感。

（八）D160

又称竹脚。果实椭圆形，长32.4 cm，宽22.5 cm，单果重1.4 kg左右，可溶性糖含量289.4 mg/g，有机酸含量0.11%，可溶性固形物36.0%，可食率19.28%，果壳褐绿色，棘刺粗短呈褐色，果皮厚，不易打开，果肉厚且光滑，质地黏稠，苦味重，种子小，可食率30.2%（图4-19，图4-20）。

图4-19 竹脚果实 　　　　图4-20 竹脚果肉
（丁哲利 摄） 　　　　（丁哲利 摄）

（九）D158

果实卵形，长23.7 cm，宽20.6 cm，果壳深绿色，棘刺细短呈棕色，果皮厚0.8 cm，果肉黄色，肉质厚且细腻，甜度中等无苦味，可食率32.9%。

三、其他品系

印度尼西亚主要有17个商业栽培品种，除从泰国引进的品种Chanee和Monthong外，当地品种有Durian sunan、Durian sukun、Durian sitokong、Durian simas、Durian petruk、Sihijau、Sijapang、Sawerigading、Lalong、Tamalatea、Tembaga、Siriweg、Bokor、Perwira dan Nglumut。

文莱榴莲品种除了通过品种鉴定的本地品系Durian kuning、Durian kura-kura、Durian sukang、Durian pulu、Durio dulcis和Durian suluk（*D. zibethinus × D. graveolens hybrid*）等外，还有一些是从马来西亚和泰国引进的外来品系。

菲律宾有6个商业栽培品种，分别为DES806、DES916、Umali、CA3266、Chanee和Monthong（青莲，2005）。

四、海南本地驯化选育品系

中热1号品系（图4-21，图4-22）由中国热带农业科学院海口实验站与海南七仙影农业开发有限公司联合选育的新品系，该品系已在海南保亭驯化了近20年，由干尧榴莲驯化而来，植株生长旺盛，结果稳定，果大，单果重3 kg左右，刺长1.3 cm左右，果柄长6.5 cm左右，果实纵

图4-21 中热1号品系果实
（高宏茂 摄）

图4-22 中热1号果肉
（高宏茂 摄）

径26.43 cm，果实横径19.10 cm，种子纵径58.1 mm，种子横径30.4 mm，果形指数1.38，果皮厚度15.38 mm，单果种子数量约9个，可溶性糖含量340.48 mg/g，有机酸含量0.19%，可溶性固形物29.43%，可食率22.72%，该品系在海南保亭、陵水、三亚等一带试种表现良好。

第二节　种苗繁殖

一、实生繁殖

用榴莲种子播种繁育的种苗叫实生苗。榴莲实生苗的特点是遗传变异性大，童期长，结果慢，实生苗定植后一般要8～10年才能开花结果。因此，生产上一般不采用实生苗直接种植。

二、压条或扦插繁育

压条（又称圈枝）繁育和扦插繁育都是无性繁殖的一种，是将母株上的枝条埋压于土中，或将树上的枝条基部适当处理后包埋于生根介质中，使之生根后再从母株割离成为独立、完整的新植株。

压条繁殖的特点是在不脱离母株的条件下促其生根，成活率高，结果早，但繁殖量少，无主根，根须不发达。扦插繁育的优点也是结果早，同时也存在繁殖量少，无主根，根须不发达的问题。

三、嫁接繁殖

榴莲嫁接苗是某一品种的枝或芽通过一定方法嫁接到另一植株上，接口愈合后长成的苗木。嫁接苗主要包括砧木和接穗两个部分，嫁接苗

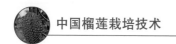

的特点是，能保持母树的优良性状，结果早，在果树栽培上普遍应用，榴莲嫁接苗植后第3年可开花结果。

（一）砧木选择

选择适宜本地种植的，抗性强的榴莲品种（系）作为砧木苗，一般当果实成熟后现采现播种，这样发芽率高，随着果实储藏时间增加，种子发芽率逐渐降低。选果实质量好，营养充分，无病虫害的果实种子。推荐选育本地育种驯化后，适宜当地气候环境的品种（系）。

选择最佳的砧穗组合进行嫁接是任何果树栽培的关键先决条件。使用同一品种的砧木，嫁接亲和性会更好。砧木的根系更粗壮、更发达，有利于养分和水分的吸收，促进树体生长，提前成熟，提高果实品质。

Voon et al.（1994）的研究结果显示*D. testudinarius*作为*D. zibethinus*的砧木具有矮化效应。在印度，近缘种*Cullenia excelsa*被用作砧木可以促进早结果。耐病性好的榴莲栽培品种也可作为砧木，Tai（1971）发现D2、D10、D30和D63比D4、D24、D66对疫霉病具有较强的耐性。在泰国，Chanee通常用作砧木。马来西亚的D2、D10、MDUR79（D189）、MDUR88（D190）和泰国的Chanee作为砧木的嫁接苗在果实品质、产量和对疫霉病的抗性方面表现优异。

（二）砧木培育

选择健壮、新鲜的种子进行催芽，待种子裂口后出现芽点即可播种。播种时，将芽点的一端朝下，播种株行距以20 cm×20 cm为宜，播种后覆一层浅土，保持土壤湿度在30%左右，不久即可发芽，刚出芽的幼苗要在75%的遮阴下保存，然后移袋培育，在移植前进行50%的遮阴，当苗长到一定高度或粗度时进行嫁接，待14～16个月时可以移植到田间种植（图4-23，图4-24）。

图 4-23　种子催芽
（周兆禧　摄）

图 4-24　袋装育苗
（周兆禧　摄）

（三）接穗选择

选择需要嫁接的榴莲主栽品种或新品种的枝条作为接穗，最好选择已过童期进入结果期的优良品种枝条，品种纯，无病虫害，芽眼多且饱满的枝条作为接穗。接穗采集后要及时完成嫁接，以免失水影响嫁接成活。另外，如果接穗需要长途运输时必须保湿处理，通常是用湿毛巾进行包裹后再用保鲜袋等进行包裹，保持一定湿度，时间不宜过长，以免影响嫁接成活率。

（四）常用嫁接方法

榴莲嫁接方法主要包括芽接和枝接，而枝接常用切接、劈接和靠接。

1. 芽接

首先将准备好2～3 cm粗的砧木，在砧木茎部离地面约10 cm处，自上而下割两道宽约1 cm、长3～4 cm切缝，在两道切缝的顶端平切一刀，将树皮拉起，保证长短与芽片规格一样，切口下部要保留少量皮以托住芽片。芽片的处理与砧木拉皮相似，将芽片与砧木结合后用塑料膜将其扎紧，嫁接口2 d内不宜遇水。芽接成功后约2周就能够存活，成活后，在砧木上端离接芽约30 cm处剪断以刺激芽眼快速生长。砧木长出的小枝留1～2条以协助接芽吸收养分，但不可让其生长过盛，必要时可将其修剪以免阻碍接芽的生长。

2. 切接法

适用范围：适用于砧木小，砧木直径1～2 cm时的嫁接。

技术要点：一是采接穗（图4-25），先选长度7 cm左右，具有2～3个饱满芽眼的接穗，注意接穗粗度与砧木相当；二是削砧木，砧木离地面20 cm以内截断（具体根据砧木及嫁接口高低而定），截面要光滑平整，斜削面和接穗斜削面相当，斜削面必须快而平滑（图4-26）；三是削接穗，在接穗的下端，接芽背面一侧，用刀削成削面2～3 cm、深达木质部1/3的平直光滑、长约1 cm的斜面，略带木质部，斜削面必须快而平滑；四是插接穗（图4-27），将接穗基部的斜削面和砧木斜削面对接对准，必须形成层对准；五是绑扎带（图4-28），接穗和砧木对准后用嫁接膜绑扎固定，将嫁接部位与接穗包裹紧而密封。整个嫁接过程突出快、平、准、紧、严的特点。

图 4-25　接穗采集

图 4-26　切砧木

图4-27　插接穗

图4-28　绑膜密封固定

3.劈接法

适用范围：适用于较粗砧木的嫁接，从砧木断面垂直劈开，在劈口两端插入接穗，其他操作技术要点和切接法相同，此方法的优点是嫁接后结合牢固，可供嫁接时间长；缺点是伤口太大，愈合慢。

技术要点：一是削接穗，往接穗下端削成2～3 cm的双斜面，并留2～3个饱满的芽点；二是劈砧木，在砧木接位上剪断削平，在其断面中间纵劈一刀，深度与接穗削面长度相等；三是插接穗，将接穗插入砧木劈口，对齐一边形成层，注意接穗的削面不要全部插入砧木的劈口，应露出0.2 cm左右，也可以将砧木劈口两侧各插入一个接穗；四是绑扎，接穗和砧木对准后用嫁接膜绑扎固定，将嫁接部位与接穗包裹紧而密封，注意避免接穗和砧木结合处有丝毫松动。

4.靠接

靠接是果树枝接方法之一，接时将有根系的两植株，在互相靠近的茎、枝等处都削去部分皮层，随即相互接合，待愈合后，将砧木的上部和接穗的下部切断，成为独立的新植株，此法适用于切离母株后不易接活的植物（图4-29）。

海南的榴莲几乎都是从东南亚等国引进的，为了提高成活率，通常采用靠接繁育保存。

5. 苗期管理

苗期要保持苗圃遮阴和湿润，遮阴是防止太阳暴晒，同时要经常进行喷水，但水量要适度，过干或过湿都不利于种苗生长。在天气阴凉的时候，一般每天喷一次水即可，但如果是晴天的话，则需要早晚各喷一次；而如果遇到降雨天气，则需要及时进行排水。田间也会出现杂草，要进行除草。苗期适当的追肥，促进幼苗生长，主要薄施液体用复合肥，同时注意病虫害防控。

6. 种苗出圃

一般榴莲种苗出圃要达到以下要求：一是种苗嫁接口要充分愈合，并且接穗要新长出一蓬以上的新梢，种苗高度在30 cm以上；二是种苗生长健壮无病虫害；三是种苗品种纯度要高（图4-30，图4-31）。

图 4-29　榴莲靠接　　　图 4-30　榴莲种苗出圃　　　图 4-31　榴莲大苗出圃

第五章

栽培管理

第一节 建园选址

一、园地选择

园区选在榴莲适宜区，年平均温度24 ℃以上，绝对低温5 ℃以上。年降水量1 000 mm以上，且分布均匀，或有灌溉条件。地势较好，海拔250 m以下，坡度小于25°的山坡地、缓坡地或平地。以土层深厚，有机质含量较高，排水性和通气性良好的壤土为宜，土壤pH值5.5~6.5，地下水位低，基地避开风口。

二、果园规划

（一）作业区划

作业区的大小应根据种植规模、地形、地势、品种的对口配置和作业方便而定，一般13 334~16 675 m²（20~25亩）为一个作业区。

（二）灌溉系统

具有自流灌溉条件的果园，应开主灌沟、支灌沟和小灌沟。这些灌沟一般修建在道路两侧，地形地势复杂的果园自流灌沟依地形地势修建。没有自流灌溉条件的果园，设置水泵、主管道和喷水管（或软胶塑管）进行自动喷灌或人工移动软胶塑管浇水。

（三）排水系统

山坡或丘陵地果园的排水系统主要有等高防洪沟、纵排水沟和等高横排水沟。在果园外围与农田交界处，特别是果园上方开等高防洪沟。

纵排水沟，应尽量利用天然的汇水沟作纵排水沟，或在道路两侧挖排水沟。等高排水沟，一般在横路的内侧和梯田内侧开沟。平地果园的排水系统，应开果园围边排水沟、园内纵横排水沟和地面低洼处的排水沟，以降低地下水位和防止地表积水。

（四）道路系统

果园道路系统主要是为了运营管理过程中交通运输所用，可根据果园规模大小而设计道路系统，一般分为主路、支路等，主路一般5～6 m，支路2～4 m。

（五）防风系统

在国内的主产区海南每年7—10月是台风高发期，榴莲不抗风，果园种植规划中一是要考虑避开风口，二是要人工建造防风林。防风林可以降低风速减少风害，增加空气温度和相对湿度，促进提早萌芽和有利于授粉媒介的活动。在没有建立起农田防风林网的地区建园，都应在建园之前或同时营造防风林。一般选用台湾相思、木麻黄、印度紫檀、非洲楝、刺桐、榄仁树、银桦、柠檬桉、榕树等。

（六）附属设施

大型果园应建设办公室、值班室、宿舍、农具室、包装房、仓库等附属设施。

三、备地种植

（一）全区整地

坡度小于5°的缓坡地修筑沟埂梯田，大于5°的丘陵山坡地宜修筑等高环山行（图5-1，图5-2）。一般环山行面宽1.8～2.5 m，反倾斜15°。

图 5-1　丘陵地环山行种植　　　　图 5-2　坡地环山行种植

（二）定标

根据园地环境条件、品种特性和栽培管理条件等因素确定种植密度。目前很多榴莲种植户参考东南亚种植方式，采用稀植法，株行距6 m×8 m，每亩种植13株左右，但在海南省推进采用矮化密植法，株行距为（4~5）m×（4~5）m，每亩种植33~41株。

第二节　栽植技术

一、栽培模式

（一）矮化抗风栽培模式

东南亚榴莲栽培是单位面积上栽培较稀，植株较大，甚至每亩种植7株左右，海南榴莲不适宜稀植和留高大树冠，容易受台风危害。海南榴莲种植一般采用矮化密植的抗风栽培模式，株行距为（4~5）m×（4~5）m，每亩种植33~41株，每株高度控制3 m以内。

矮化密植的优点：一是降低台风的危害，矮化的树冠相对抗风；二是提高田间管理效率，一定程度上降低劳动成本（图5-3）。

（二）间作栽培模式

榴莲幼树间作模式，一是榴莲间作短期作物，如在幼龄榴莲果园，可间种花生、绿豆、大豆等作物或者在果园长期种植无刺含羞草、柱花草作活覆盖。在树盘覆盖树叶、青草、绿肥等，每年2~3次；同时可以间作冬季瓜菜，如大蒜、韭菜等（图5-4）；二是榴莲间作长期作物，如间作槟榔、波罗蜜、红毛丹、山竹等（图5-5至图5-7）。

图5-3　矮化种植

图5-4　榴莲间作大蒜

图5-5　榴莲间作槟榔

图 5-6　榴莲间作波罗蜜

图 5-7　榴莲间作山竹

（三）品种混种有利授粉受精

不同品种（系）的榴莲在开花时间、果实大小、果实品质等有较大差异，而榴莲一般在傍晚或晚上开花，从开花到凋谢的时间非常短促，到第2天早上就开始凋谢，借助晚上非常活跃的传授花粉媒介，这些媒介包括蝙蝠、蚂蚁等。

榴莲自花授粉的坐果率低于5%，也就是单一榴莲品种种植坐果率低，多品种种植异花授粉的坐果率为54%～60%，因此，榴莲果园需要种植多个品种不仅有助于异花授粉，提高坐果率，还可以延长榴莲的市场供应期，不同品种混种方式有排列法（图5-8）和随机法（图5-9）。

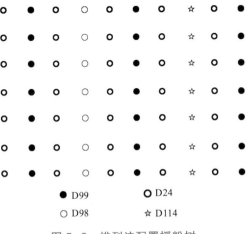

图 5-8　排列法配置授粉树

● D99 　　　 〇 D24

〇 D98 　　　 ☆ D114

图 5-9　随机法配置授粉树

二、栽植要点

（一）种植穴规格

种植榴莲按标定的株行距挖穴，挖穴规格为 100 cm × 100 cm × 80 cm（长 × 宽 × 深），底土和表土分开，种植前一个月，每穴施腐熟有机肥 15 ~ 25 kg（禁止使用火烧土等碱性肥料），过磷酸钙 0.5 kg。基肥与表土拌匀后回满穴成馒头状（图 5-10 至图 5-13）。

图 5-10　定标挖穴　　　　　　图 5-11　回土定植

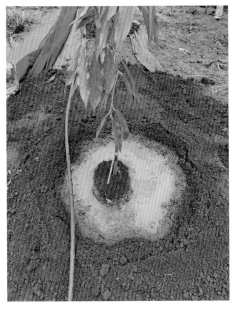

图 5-12　淋透定根水

图 5-13　树盘覆盖

（二）定植时间

海南一般一年四季均可种植，但推荐优先在春、秋季种植。具有灌溉条件的6—9月种植，没有灌溉条件的果园应在雨季定植。

（三）栽植技术

将榴莲苗置于穴中间，根茎结合部与地面平齐，扶正、填土，再覆土，在树苗周围做成直径0.8～1.0 m的树盘，浇足定根水，稻草或地布等材料覆盖。回土时切忌边回土边踩压，避免根系伤害。

（四）遮阳防晒

榴莲喜高温高湿，切忌种植后被干热风或太阳暴晒，为了提高种植的成活率，需要对每株进行遮阳防晒，在植株的四周搭架，并用遮阳度75%左右的遮阳网覆盖（图5-14），防止太阳暴晒，当植株长势健壮后拆除。

图 5-14　定植后覆盖树盘与植株防晒

（五）立柱防倒

榴莲定植后，由于榴莲枝梢比较脆，再加之生长较快，主干易长歪甚至折断。因此，一般定植后都要用竹子、木棍或者不锈钢管进行立柱，可以采用单柱或三脚架把植株进行固定防倒防断（图5-15、图5-16）。

图 5-15　立三脚架防倒

图 5-16　立单柱绑缚防倒

第三节　田间管理

一、培养早结丰产树型

榴莲幼树管理要注重培养早结丰产树型，由于榴莲幼树生长过程中，主干生长旺盛，侧枝多以扇形萌发生长，不同品种各异，榴莲枝干较脆且不抗风。因此，要选择分布均匀的侧枝，一般培养两种树型。

（一）单主干型

幼龄树主干高0.8 m左右时留侧枝，整株高度控制在3 m以内，侧枝以分层选留，第一层分选3～4条分布均匀的一级侧枝，第二层侧枝离第一层侧枝0.4 m左右，分选3～4条分布均匀枝，依次选留层次分明的侧枝（图5-17）。

（二）双主干型

榴莲双主干型是指单株榴莲种苗种植后，有2个主干生长，各主干高度控制在3 m以内，并对各主干的侧枝以分层选留作为结果枝，各主干第一层分选2～3条分布均匀的一级侧枝，第二层侧枝离第一层侧枝0.4 m左右，分别选2～3条分布均匀枝，依次选留层次分明的侧枝（图5-18）。

（三）适时截顶控高

榴莲生长较为旺盛，枝梢和树干较脆，易折断，不抗风，因此，当榴莲植株长到一定高度时要剪去顶端，消除顶端优势，促进侧枝生长，海南种植区株高一般3 m左右。

图5-17　榴莲单主干植株　　　　　　图5-18　榴莲双主干植株

二、水肥管理

（一）定植前重施基肥

定植前一个月挖穴，并重施基肥，每穴施腐熟农家有机肥（羊粪、牛粪、猪粪、鸡粪等）30～50 kg，过磷酸钙0.5 kg，商品有机肥根据肥料情况适当增减。基肥与表土拌匀后回填满穴成馒头状。

（二）幼树肥勤施薄施（1～3年）

1. 推荐施肥量

当植株抽生第2次新梢时开始施肥。全年施肥3～5次，施肥位置：第1年距离树基约15 cm处，第2年以后在树冠滴水线处。前3年施用有机肥加氮、磷、钾三元复合肥（15∶15∶15），1～3龄树推荐复合肥施用量分别约为0.5 kg/（年·株）、1.0 kg/（年·株）、1.5 kg/（年·株），每年至少施一次有机肥15 kg左右。

2. 水肥一体化施肥方式

幼龄树施肥目的主要是促进速生快长，形成早结丰产的树型，一般此期施肥需三元复合肥，推荐施肥比例为N：P_2O_5：K_2O＝1.0：1.0：0.4，采用水肥一体化施肥，施肥频次依气候和植株长势而定，在干旱季节需要勤施，7～10 d施水肥一次，在雨季施肥频次可适当减少（图5-19，图5-20）。

图 5-19　水肥一体化管道

图 5-20　水肥一体化容器

（三）结果树施肥（4 年以上）

一般榴莲嫁接苗种植后第4年以上开始开花结果，结果树的施肥种类、施肥量和施肥时期对榴莲果实产量及品质影响较大，一般在以下时期施肥较为理想。

榴莲开花期：海南榴莲花期一般从12月到翌年5月左右，这一时期榴莲主要由营养生长过渡到生殖生长，根据榴莲开花情况和花量，适时调整施肥方案。一是降低氮肥；二是注重喷施富含硼的叶面肥，有利于花粉管的萌发和授粉受精；三是减少灌溉，控水，保持适度干旱有利于

花芽分化。推荐每株施肥量为有机肥5 kg左右和三元复合肥0.2 kg，具体施肥量根据树势情况调整。

果实膨大期：果实膨大期一般在开花后1～2个月，这一时期果实迅速膨大，对中微量营养元素的需求较为敏感；以氮、磷、钾三元复合肥为主，辅施微肥。推荐每株施肥量为有机肥10 kg左右+三元复合肥0.3 kg，具体施肥量及频次根据树势适时调整。

榴莲采果后：这一阶段果树由于果实采收后，树体营养流失较大，需要及时补充营养恢复树势以备第2年结果，此次施肥结合深压青进行，推荐每株施肥量为有机肥25～40 kg氮、磷、钾三元复合肥（15∶15∶15）0.5 kg。

三、榴莲果园施肥方式

榴莲果园施肥一般分为土壤施肥与根外施肥两大类。

（一）土壤施肥

根据果树种植情况，根系分布特点，榴莲果园土壤施肥方法主要有：穴施法、放射沟施肥法、环状沟施肥法、条沟施肥法、全园施肥法和灌溉施肥法。

1.穴施法

沿树冠垂直投影外缘挖穴，每株树挖8～12个穴，穴深20～30 cm。肥料必须与土混匀后填入穴中。该方法适宜在幼果期和果实膨大期追肥时使用（图5-21）。

2.放射沟施肥法

以树冠垂直投影外缘为沟长，以树干为中心轴，每株树呈放射形挖4～6条沟，沟长60～80 cm；沟宽呈楔形，里窄外宽，里宽20 cm，外宽40 cm；沟底部呈斜坡，里浅外深，里深20～30 cm，外深40～50 cm。春季第一次追肥适宜采用这种方法（图5-22）。

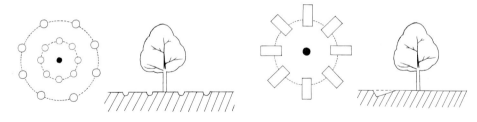

图 5-21　穴状施肥法（刘咲頔　手绘）　图 5-22　放射状施肥法（刘咲頔　手绘）

3.环状沟施肥法

以树干为中心，在树冠垂直投影外缘挖环形沟。沟宽20～40 cm，沟深40～50 cm。将肥料与土混匀后填入沟中，距地表10 cm的土中不施肥。秋季施底肥时适宜采用这种方法（图5-23，图5-25，图5-26）。

4.条状沟施肥法

在树冠垂直投影的外缘，与树行同方向挖条形沟。沟宽20～40 cm，沟深40～50 cm。施肥时，先将肥料与土混匀后回填入沟中，距地表10 cm的土中不施肥。通过挖沟，既能将肥料施入深层土壤中，又有利于肥料效果的发挥，还能使挖沟部位的土壤疏松。随着树冠扩大，挖沟部位逐年外扩，果园大面积土壤结构得到改善。这种施肥方法适宜在秋季施底肥时采用（图5-24）。

5.全园施肥法

将肥料均匀撒施全园，翻肥入土，深度以25 cm为宜。此法适用于根系满园的成龄树或密植型果园。

6.灌溉施肥法

灌溉施肥又称为水肥一体化，可先将化肥溶解到水中，然后随灌溉水管道一起施入，这种施肥方法大幅度提高了肥料利用率，用时也节约了劳动力成本，是现代果园的重要标志之一。

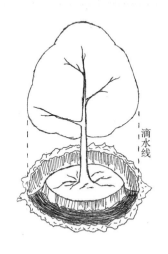

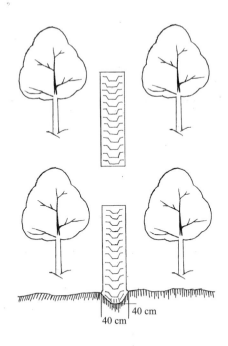

图 5-23 环状施肥法（刘咲頔 手绘） 图 5-24 条状沟施肥法（刘咲頔 手绘）

图 5-25 环状沟施肥法   图 5-26 土和肥混匀回填

（二）根外施肥

根外施肥又称叶面肥，是将一定浓度的肥料溶液直接喷洒在叶片上，利用叶片的气孔和角质层具有吸肥特性达到追肥的目的。这种方法具有节约用肥、肥效快并避免土壤对某些元素的化学和生物固定等优点。在补充中、微量营养元素时通常采用此方法。根外施肥避免雨天喷施，喷施时多喷施叶片背面，因为叶背吸收量高于叶面。

四、土壤管理

榴莲植株生长良好的基础是土壤肥沃，提高土壤的生产力，才能提高果实产量和改善果实品质。通常采用以下方法提升榴莲果园土壤肥力。

（一）深翻改土

1. 时期

果园深翻一年四季均可进行，以10月底至12月秋冬季节为佳，此时气温下降，树液流动减缓，树体处于休眠状态，深翻时伤根或断根，对树势影响较小，结合秋肥施用进行深翻效果最好。

2. 方法

隔行深翻：在果园行间隔1行翻1行，深翻在树冠外围开沟，深40～60 cm，回填压肥时，将表土和较好的肥料放于吸收根周围，注意保持吸收根处的土壤松散。

全园深翻：以树冠滴水线处进行为宜，从内向外逐渐加深，树冠下部20 cm左右为宜，树冠外围应加深至30～60 cm。这种方法一次需劳力多，但翻后便于平整土地，有利于果园耕作。深翻可改良土壤结构，增加活土层厚度，增强土壤通气和保水保肥能力，促进土壤微生物活动，加速难溶性营养物质转化，使土壤水、肥、气、热得以全面改善，但生产管理人工成本高。

（二）园区清耕

1.方法

园内不间种作物，采用中耕除草等方法使果园地面常年处于疏松无杂草状态，每年需中耕除草3~5次。

2.效果

及时松土除草，可避免杂草与果树争夺养分和水分，同时使土壤疏松透气，加速有机质分解，短期内显著增加有机态氮素。但土壤表面裸露，表土流失严重，肥料养分释放快，土壤有机质含量低，长期清耕易出现各种缺素症，造成树势减退及生理障碍。

五、园区生草

果园生草覆盖技术是果园种草或原有的杂草让其生长，定期进行割草粉碎还田（图5-27）。果园生草覆盖有以下优点：一是减少果园水土流失；二是改良土壤，提高土壤肥力，果园生草并适时翻埋入土，可提高土壤有机质、增加土壤养分，为果树根系生长创造一个养分丰富、疏松多孔的根层环境；三是促进果园生态平衡；四是优化果园小气候；五是抑制杂草生长；六是促进观光农业发展，实施生态栽培；七是减少使用各类化学除草剂所带来的污染。果园主要采取间套种绿肥或者果园生草以增加地面覆盖，树盘覆盖，一般选择绿肥、假花生、绿豆、黄豆和柱花草等作物，另外，果树植株的落叶也可以当作覆盖材料。

图5-27　榴莲生草栽培

六、树体综合管理

（一）修剪

榴莲萌芽力很强，枝梢生长有3个特点，一是一级枝多以扇形状萌发，一级主枝多集中在一个平面（图5-28），但不同品种分枝特性各异；二是植株顶端优势较强，植株打顶后有利于侧枝生长；三是枝干较脆，易折断，老枝易下垂；四是结果部位通常在主枝、侧枝或者主干上，一般水平枝或下垂枝结果多（图5-29）。因此，种植后要注意整形修剪，保持良好的树形。

图5-28　一级枝扇形状萌发　　　　　　　图5-29　结果枝

1.幼树修剪

榴莲种植后3~6个月开始修剪，保留正常生长且有序的枝梢，剪除所有向上、向下无序生长或者重叠枝及过密的枝梢，同时剪除靠近地面的枝梢。第一层一级主枝离地面高60 cm左右，太靠近地面枝条结果后不

利管理，且易引起病虫害，建议株高控制在3 m以内（图5-30）。

2. 成年树修剪

榴莲树形相对单一，国内榴莲种植一般采用矮化密植型的抗风栽培模式，榴莲成年树的修剪重点控上促下，控上主要是控制植株高度，保持榴莲矮化，主要以中心干形为主，主要包括主干形、纺锤形和圆柱形。

主干形：具有中心主干，在中心干上主枝不分层或分层不明显，在海南台风频发地区种植时推荐主干高度控制在3 m以下（图5-30）。

纺锤形：纺锤形又称纺灌木形、自由纺锤形，适用于密植栽培的一种简易树形，其树体结构特点是：树高2.5 ~ 3 m，冠径2 ~ 2.5 m，中心有保持优势的中干，中干上均衡着生十几个大枝。

圆柱形与细纺锤形树体结构相似，主要在中心干上直接着生结果枝组，上下冠径差别不大，适用于高度密植栽培。

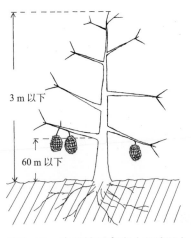

3 m以下

60 m以下

图 5-30 主干控制高度（手绘图）

（二）促花

榴莲嫁接苗种植3 ~ 4年后陆续开花结果，实生苗种植后一般要8 ~ 10年才开花结果，榴莲通常是一年开花结果1 ~ 2次，在海南南部地区，榴莲易开花，且花量大（图5-31），开花时间一般在傍晚（图5-32），早上凋谢，榴莲为有限花序，开花顺序由下而上。因此，榴莲花期管理的重点在于促进授粉受精，可采取以下措施。

图 5-31　满树花蕾　　　　　　　图 5-32　夜间开花（周兆禧　摄）

一是配置授粉树，不同品种混种有利于相互授粉受精，榴莲自花授粉的坐果率低于5%，异花授粉的坐果率为54%～60%，因此，榴莲果园需要种植多个品种，有助于异花授粉，提高坐果率。

二是促进授粉媒介进行授粉，由于榴莲开花时间非常短，因此必须借助于晚上非常活跃的传粉媒介，包括蝙蝠、蚂蚁等。

三是采取人工授粉，于夜晚雄蕊散粉时用毛刷沾取花粉后均匀刷在柱头上，充分完成授粉受精后才能确保果实产量和品质（图5-33）。

图 5-33　人工辅助授粉

（三）保果

榴莲果实呈圆形或椭圆形，长20～25 cm，单果重在1.0～4.5 kg，不同品种果实大小及形状各异，由于单果较重，再加之果梗较脆易断，在果实膨大期后特别容易落果，因此，保果措施显得极为重要，除了水肥及病虫害防控外要采取物理措施进行保果。

一是利用绳（图5-34）及网袋（图5-35）把果套住并固定在结果枝上，每隔3～5 d要检查果上的绳及网袋，避免把果实套得太紧而影响生长发育，同时要检查果梗，避免承受重力过大。

二是定期检查果梗是否完好，避免病虫害发生，可以使用石灰等涂白剂涂抹果梗进行保护。

图5-34　用绳保护果实和果柄

图5-35　网兜护果

（四）护枝

榴莲枝梢萌发力比较强，幼树一级主枝多以扇形状在一个平面上萌发，成年树一级主枝水平或下垂枝一般易开花结果，向上生长的霸王枝一般不易开花结果。结果枝的保护较为重要，一般采以下措施进行保护。

一是用竹子、木棍或钢管等支撑结果枝，避免结果枝梢折断（图5-36，图5-37）。

图5-36　木棍交叉保护结果枝

图5-37　竹竿立柱保护结果枝

二是用绳索等往主干或着力固定，避免枝梢由于结果过多而折断。

三是定期检查是否发生病虫害，尤其是钻蛀性害虫为害，主枝用石灰等涂白保护。

七、防灾害

（一）防冷害

冷害是指0 ℃以上的低温对喜温果树造成的伤害，而榴莲属于典型热带果树，对低温较为敏感。

1.冷害症状

冷害模拟实验结果表明，选择生长发育一致的榴莲幼苗分别在15 ℃、10 ℃和5 ℃低温下进行胁迫处理。15 ℃处理5 d后叶片略微变黄，10 ℃低温处理4 d出现斑点、顶端叶片组织柔软并萎蔫皱缩，5 ℃胁迫处理2 d后叶片出现些许斑点，处理3 d后有明显水渍状痕迹，冷害现象明显，部分叶片出现脱水现象。

5 ℃低温胁迫第1天时部分叶片掉落，较多叶片出现脱水现象，质地发生明显变化，部分叶片病斑扩大；低温胁迫第2天时叶片出现褐色病斑，叶片也脱水枯萎，叶片持续掉落；低温胁迫第3天部分叶片出现棕色圆形斑点，褐色病斑面积较大，叶片出现脱水现象，冷害现象明显，持续3 d后，常温放置一段时间植株仍然不能恢复（图5-38）。

10 ℃低温胁迫时叶片也有冰冻，但叶片质地和颜色在前3天没明显的变化，直至第4天时有小部分的叶片出现轻微冻害，叶片较小面积有褐色斑点，且侧枝的叶片尖端组织变柔软并萎蔫皱缩，在第4天胁迫后常温放置一段时间后植株能恢复（图5-38）。

5 ℃胁迫1 d　　　　　　5 ℃胁迫2 d　　　　　　5 ℃胁迫3 d

10 ℃胁迫1 d　　10 ℃胁迫2 d　　10 ℃胁迫3 d　　10 ℃胁迫3 d

图5-38　不同低温胁迫对榴莲幼苗生长发育的影响（陈妹姑　摄）

2. 冷害影响

①低温冷害降低榴莲的光合作用；②低温冷害打乱榴莲正常的呼吸作用；③低温冷害降低榴莲树体对矿质营养元素的吸收；④低温冷害影响榴莲的生殖生长，直接影响花芽分化、开花、授粉受精及幼果的生长发育，甚至造成整株死亡。

3. 冷害防治

在寒流天气来临时，一般采取以下措施进行预防。

一是改善榴莲果园小气候环境进行保护，主要包括对榴莲树体覆盖塑料膜、果园灌水、果园熏烟、果树喷水等措施改变小气候环境。

二是加强田间管理技术，增强树势，可以喷施一些防冻剂。

三是选址建园时避开寒流易危害地方，同时选择抗冷性较强的品种。

（二）防风害

风害主要有台风、龙卷风和雷雨大风等对榴莲果树的危害。

风害影响：一是机械损伤，主要造成榴莲落叶、落花、落果、断枝、折干甚至倒伏（图5-39至图5-41）；二是生理危害，大风加速水分蒸腾，造成叶片气孔关闭，光合强度降低，造成树势衰弱，代谢紊乱。

图 5-39　主干被台风折断

图 5-40　主枝被风折断

防风措施：一是建防风林，在果园四周建立防风林；二是建防风挡墙，主要在果园逆风面或者风口处建筑防风墙；三是矮化密植，采用矮化密植抗风栽培模式；四是设支柱固定树干，减轻风害（图5-42，图5-43）。

图5-41　大树受台风危害
（周兆禧　摄）

图5-42　立三脚架防风
（周兆禧　摄）

图5-43　四周立架防风（周兆禧　摄）

第六章

主要病虫害防控

第一节　主要病害及防控

榴莲病害目前没有一个较为系统的记载，已经报道的病害有炭疽病、疫病、藻斑病和煤烟病等。其中为害较为严重的是藻斑病和煤烟病，国外报道疫病是榴莲的主要病害之一，为害果实能造成30%以上的果实腐烂。

一、榴莲疫病

（一）症状

该病害是榴莲生产上为害严重的病害，能够侵染根、茎、叶、花以及果实等各个部位，在气候潮湿的条件下发病更为严重。

1. 根部和茎部症状

为害根部和茎部也称为根茎腐烂病。主要发病部位在靠近土面的茎基部和根部，发病时病部生出暗褐色斑点，并逐渐扩大成棕褐色，病茎和病根变黑并大量腐烂。严重发病植株造成整个植株萎蔫，在潮湿环境条件下，病部产生白色棉絮状的霉层，即为病原菌的菌丝体、孢囊梗和孢子囊。

2. 叶片和花

为害叶片和花也称为叶疫病或花疫病。多发生在下层荫蔽潮湿的叶片和花瓣上，发病部位产生出现暗绿色、水渍状的红棕色的圆形、半圆形、椭圆形或不规则形病斑，病健交界处呈水渍状，潮湿时病部产生白色棉絮状的霉层（图6-1A）。当发病部位在叶柄时，叶柄会变成暗绿色水渍状病斑，病叶干枯脱落。

图6-1　榴莲疫病为害叶片和果实

（引自：Andre Drenth，2004；Emer O Gara，2004）

3. 果实

主要为害近成熟或成熟的果实。发病果实表皮产生不规则的浅褐色至褐色斑点，病斑处果皮变软，腐烂凹陷，随着病害的进一步扩展，病斑呈褐色至暗褐色。后期病果表面长出白色棉絮状的霉层，剖开发病处果皮，果肉呈深黄色，散发出酒精气味（图6-1B）。

（二）病原

病原为卵菌门、卵菌纲、霜霉目、疫霉属的棕榈疫霉（*Phytophthora palmivora*）。在10% V_8 培养基的菌落平展，边缘较整齐，气生菌丝较发达（图6-2A）；孢囊梗分化明显，孢囊梗和菌丝上有时局部膨大，呈纺锤形或形成珊瑚状菌丝，典型的孢子囊为梨形或卵形，具明显乳突，孢子囊易脱落，具短柄（图6-2B）。孢子囊可直接萌发或间接萌发。厚垣孢子球形，顶生或间生（图6-2C）。

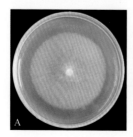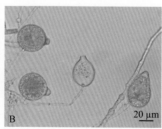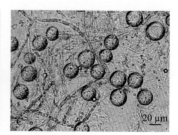

图6-2　棕榈疫霉的菌落、孢子囊和厚垣孢子（谢昌平　摄）

A.10% V_8 培养基山菌落；B. 孢子囊；C.厚垣孢子

（三）发病规律

病原菌以菌丝体、孢子囊和厚垣孢子在田间病株、病株残体或土壤中存活，在阴雨、潮湿的季节，病原菌的菌丝产生孢子囊，土壤中的厚垣孢子萌发产生菌丝和孢子囊，孢子囊脱落后释放游动孢子，游动孢子随风雨或流水传播，孢子囊也可以萌发直接侵入或伤口侵入植物组织内。采摘的果实在储藏时湿度过高引起果实的发病。病害一般在高湿阴凉的气候条件发生严重，种植过密，果园隐蔽潮湿发生严重。

（四）防控措施

1. 加强栽培管理

合理施肥，增施有机肥和磷钾肥，防止偏施氮肥，提高植株的抗病性；合理密植，使果园通风透光，降低果园的湿度；雨季田间要注意排水，避免果园积水。

2. 药剂防控

雨季或发病初期，可以喷施50%瑞毒霉锌可湿性粉剂1 500倍液，或25%甲霜·霜霉威可湿性粉剂1 000倍液，或15%氟吗·精甲霜可湿性粉剂800倍液，或68%精甲霜·锰锌可湿性粉剂1 000倍液；或40%乙磷铝可湿性粉剂200倍液。根部发病可以用40%乙磷铝可湿性粉剂100倍液进行淋灌。茎部发病应清除病斑腐烂的组织，然后用上述药剂涂抹在病斑上。

二、榴莲炭疽病

（一）症状

主要为害叶片，以嫩叶为害较为严重。尤其是幼苗、未结果和初结果的幼龄树发病较为严重。

叶片病斑多从叶尖或叶缘开始，个别从叶内发生。成熟叶片发病初在病部产生浅褐色小病斑，随着病斑的进一步扩大，病斑边缘变为深褐色，中央呈灰褐色至灰色。病斑上产生黑色小点，即为病原菌的分生孢子盘（图6-3A）。嫩叶多在未转绿或浅绿色时的嫩叶边缘开始发病，初期呈针头状褐色斑点，逐渐变为黄褐色的椭圆形或不规则的凹陷病斑，病斑边缘往往有浅黄色的黄晕。后期呈黑褐色，叶背病部生深黑色小粒点。在天气潮湿的环境条件下，病斑上产生橘红色的孢子堆。发病严重时，病叶向内纵卷，嫩叶易脱落（图6-3B）。

图6-3 榴莲炭疽病的症状（谢昌平 摄）

A.成熟叶片；B.未成熟叶片

（二）病原

病原为半知菌类、腔孢纲、黑盘孢目、炭疽菌属的胶孢炭疽菌复合种（*Colletotrichum gloeosporiodes* species complex）。PDA培养基上的菌落灰白色至灰绿色，绒毛状，反面深灰绿色（图6-4A）。分生孢子盘生寄主表皮下，盘状或垫状，有时有褐色刚毛。分生孢子梗常无色，分生孢子长椭圆形，单胞，无色，大小为（12.7～19.5）μm ×（4.5～5.5）μm。有1～2个油球。附着胞褐色，边缘整齐或裂瓣状（图6-4B）。

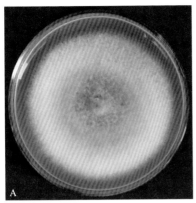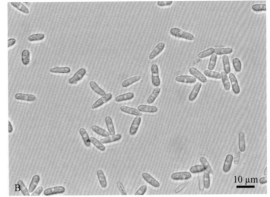

图 6-4　榴莲炭疽病菌在 PDA 培养基上菌落和分生孢子（谢昌平　摄）

A. PDA培养基上的菌落；B. 分生孢子

（三）发病规律

病原菌以菌丝体和分生孢子盘在树上和落在地面的病叶上越冬。翌年春天在适宜的气候条件下，分生孢子借助风雨和昆虫等传播到幼嫩的组织上，萌发产生附着胞和侵入丝，从寄主伤口或直接穿透表皮侵入寄主；在天气潮湿时，病斑上又产生大量的分生孢子，继续辗转传播，使病害不断地扩大、蔓延。该病害在高温、高湿环境易发生病害，阴雨多的月份发病也较重；还与种植密度大、老残叶多、通风透光条件差造成病害的发生。此外，植株幼嫩的苗地发病较严重。

（四）防控措施

1.搞好田间卫生

减少初始菌量，发病初期应及时剪除病叶，并连同枯枝落叶集中烧毁。

2.加强栽培管理

施足有机肥，增施磷钾肥。切勿偏施氮肥，使植株生长健壮，提高作物的抗病性。搞好田间排水系统，雨季注意排水。

3.药剂防治

发病初期，可选用50%多菌灵可湿性粉剂500～600倍液，或用75%百菌清可湿性粉剂500～800倍液，或用50%苯莱特可湿性粉剂1 000倍液，或用10%苯醚甲环唑水分散粒剂1 000～1 500倍液，或用80%代森锰锌可湿性粉剂600～800倍液，或用25%施保克乳油750～1 000倍液，或用25%嘧菌酯悬浮剂600～1 000倍液，或用65%代森锰锌可湿性粉剂600～800倍液等。间隔7～10 d一次。

三、榴莲藻斑病

该病害在是榴莲常发性病害，尤以海南发生最为普遍。主要为害榴莲叶片，引起藻斑。

（一）症状

该病害发生常见于树冠的中下部叶片。发病初为在叶片上褪绿色近圆形透明斑点，然后逐渐向四周扩散，在病斑上产生橙黄色的绒毛状物。后期病斑中央变为灰白色，周围变红褐色。严重影响叶片的光合作用。病斑在叶片分布往往主脉两侧多于叶缘（图6-5）。

2 mm

图6-5 榴莲藻斑病的症状（周兆禧 摄）

（二）病原

病原为绿藻门、头孢藻属、绿色头孢藻（*Cephaleuros virsens Kunze*）。在叶片形成橙黄色的绒毛状物包括孢囊梗和孢子囊，孢囊梗黄褐色，粗壮，具有分隔，顶端膨大成球形或半球形，其上着生弯曲或直的浅色的8~12个孢囊小梗，梗长为274~452 μm，每个孢囊小梗的顶端产生一个近球形黄色的孢子囊，大小为（14.5~20.3）μm×（16~23.5）μm。成熟后孢子囊脱落，遇水萌发释放出2~4根鞭毛的无色薄壁的椭圆形游动孢子。

（三）发病规律

病原以丝状营养体和孢子囊在病枝叶和落叶上越冬，在春季温度和湿度环境条件适宜时，营养体产生孢囊梗和孢子囊，成熟的孢子囊或越冬的孢子囊遇水萌发释放出大量游动孢子，借助风雨进行传播，萌发芽管从气孔侵入，形成由中心点作辐射形的绒毛状物。病部能继续产生孢囊梗和孢子囊，进行再侵染。在温暖、潮湿的气候条件有利于病害的发生。当叶片上有水膜时，有利于游动孢子从气孔的侵入，同时降雨有利于游动孢子的侵染。病害的初发期多发生在雨季开始阶段，雨季结束往往是发病的高峰期。果园土壤贫瘠、杂草丛生、地势低洼、阴湿或过度郁闭、通风透光不良以及生长衰弱的老树、树冠下的老叶，均有利于发病。

（四）防治措施

1.加强果园管理
合理施肥，增施有机肥，提高抗病性；适度修剪，增加通风透光性；搞好果园的排水系统；及时控制果园杂草的丛生。

2.降低侵染来源
清除果园的病老叶或病落叶。

3. 药剂防治

病斑在灰绿色尚未形成游动孢子时，喷洒波尔多液或石硫合剂均具有良好防效。

四、榴莲煤烟病

该病又称为煤病、煤污病，属榴莲常发性病害。此病主要发生在叶片表面，为害叶片影响光合作用，促使树势衰弱。

（一）症状

主要为害叶片和果实。在叶片表面覆盖一层黑色煤烟层象煤烟，故称煤烟病。这些煤烟层或容易脱落，严重时整个叶片均被菌丝体（煤烟）所覆盖。影响叶片的光合作用（图6-6）。

图6-6　煤烟病（周兆禧　摄）

（二）病原

病原主要有子囊菌门、腔菌纲、煤炱属（*Capnodium* Mont.）。在PDA培养基上的菌落为灰褐色至黑褐色，边缘整齐（图6-7A）。菌丝体为暗褐色，着生于寄主表面，分隔，细胞短椭圆形或圆形（图6-7B）。子囊座球形或扁球形，表面生刚毛，有孔口，直径110～150 μm（图6-7C）。子囊长卵形或棍棒形，（60～80）μm×（12～20）μm，内含8个子囊孢子，子囊孢子长椭圆形，褐色，有纵横隔膜，砖隔状，有3～4个横隔膜，（20～25）μm×（6～8）μm（图6-7D）。分生孢子产生在圆筒形至棍棒形的分生孢子器内（图6-7E）。

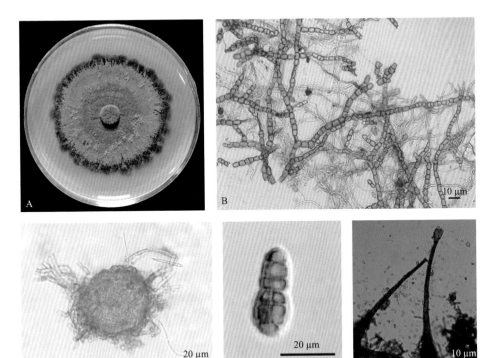

图6-7　榴莲煤烟病菌的形态（谢昌平　摄）

A. 在PDA培养基上的菌落；B.菌丝；C.子囊座；D.子囊孢子；E.分生孢子器

（三）发病规律

病菌以菌丝体、有性态的子囊座或无性态的分生孢子器在病叶上越冬。翌年环境条件适宜时，菌丝直接在受害部位生长，有性态的子囊座产生子囊孢子或分生孢子器产生的分生孢子，经雨水溅射或昆虫活动进行传播。当枝、叶的表面有介壳虫等同翅目害虫的分泌物时，病菌即可在上面生长发育。菌丝体、子囊孢子和分生孢子借风雨、昆虫传播，进行重复侵染。病菌主要依靠介壳虫等同翅目害虫的分泌的"蜜露"为营养。因此，介壳虫等同翅目害虫的分泌物越多，病害也较严重。病菌为具有好湿性，因此，种植过密，荫蔽也容易引发病害的发生。

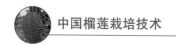

（四）防治措施

1. 农业措施

加强果园的管理，合理修剪，使果园通风透光，可减少介壳虫等同翅目害虫的为害。

2. 喷药防虫

由于多数病原菌以介壳虫等同翅目害虫分泌的"蜜露"为营养，因此，防治介壳虫等同翅目害虫，是防治该病害的重要措施。

3. 喷药防菌

在发病初期，喷0.5%石灰半量式波尔多液或0.3 °Bé的石硫合剂；发病后可选用75%百菌清可湿性粉剂800～1 000倍液，或用75%多菌灵可湿性粉剂500～800倍液，或用40%灭病威可湿性粉剂600～800倍液等药剂，可减少煤烟病菌的生长。

第二节 主要虫害及防控

一、桃蛀螟（*Conogethes punctiferalis*）

（一）为害概况

桃蛀螟又称桃斑螟、桃蛀心虫或桃蛀野螟，隶属于鳞翅目（Lepidoptera）草螟科（Crambidae）。该虫以幼虫蛀果为害，导致严重减产。

（二）形态特征

1. 成虫

体长9～14 mm，翅展20～26 mm，全体橙黄色，胸部、腹部及翅上有黑色斑点。前翅散生25～30个黑斑，后翅14～15个黑斑。腹部第1节和第3～6节背面各有3个黑点。雄蛾尾端有一丛黑毛，雌蛾不明显。

2.卵

椭圆形，长0.6～0.7 mm。初产时乳白色，孵化前红褐色。

3.老熟幼虫

体长15～20 mm，体背多暗红色，也有淡褐、浅灰、浅灰蓝等色，腹面多为淡绿色，头暗褐色，前胸背板黑褐色。各体节具明显的黑褐色毛片，背面毛片较大，腹部1～8节各节气门以上具有6个，成两横列，前排4个椭圆形，中间两个较大，后排两个长方形。腹足趾钩为三序缺环。

4.蛹

长10～15 mm，淡褐色，尾端有臀刺6根，外被灰白色薄茧。

（三）发生规律

该虫1年可发生4～5代，以老熟幼虫在农作物穗秆内以及果树粗皮裂缝、堆果场等处越冬。越冬幼虫于翌年4月中下旬开始化蛹、羽化，5月中下旬第1代卵孵化高峰期，世代重叠，幼虫为害至11月陆续老熟并结茧越冬。成虫昼伏夜出，有趋光性，对黑光灯趋性强，但对普通灯光趋性弱，对糖、醋液也有趋性，喜食花蜜和成熟果汁。

（四）防控技术

1.农业防治

早春刮除主干大枝杈处的老翘皮，压低越冬幼虫数量。

2.物理防治

①果园每50 m²左右安装1盏黑光灯诱杀成虫。

②化蛹场所诱杀：9月上旬在主干、主枝每隔50 cm绑草把，诱集幼虫越冬集中销毁。

③用性诱剂、糖醋液诱杀成虫。

3. 生物防治

保护和利用其天敌，如黄眶离缘姬蜂、广大腿小蜂等。

4. 化学防治

成虫高峰期选用5%氰戊菊酯1 500倍液，或用2.5%高效氯氟氰菊脂2 000倍液，或用1%甲氨基阿维菌素苯甲酸盐2 000倍液，或用1%甲氨基阿维菌素苯甲酸盐微乳剂2 000倍液+25%灭幼脲1 500倍液喷雾防治，药剂轮换使用。

二、桑粉蚧 [*Maconellicoccus hirsutus*（Green）]

（一）为害概况

桑粉蚧[*Maconellicoccus hirsutus*（Green）]也称木槿曼粉蚧，属半翅目（Hemiptera）粉蚧科（Pseudococcidae），能为害榴莲的任何时期，包括枝条、接穗、果表和树干，以若虫和雌成虫吸取汁液而使叶片变黄，枝梢枯死，果受害降低商品价值。

（二）形态特征

1. 雌成虫

椭圆形，体长2.7~3.6 mm，宽1.2~2.1 mm。无翅，红褐色至红色，被白薄蜡粉。触角着生于头部腹面近前缘，9节，第3节和端节几乎等长，第4节最短。单眼一对，稍突，在触角外侧。背裂2对，发达。前背裂位于前胸背板上，后背裂位于第7腹节背板上。刺孔群5对，即第5~9腹节各节均有一对。未对刺孔群各具2根锥刺，2~3根附毛，其余刺孔群均有2根锥刺，1~3根附毛。肛环圆形，位于背末，有6根长环毛为环径的2倍。尾瓣中度发达，其腹面具硬棒，臀瓣刺长0.24 mm，为环毛长的1.8倍。足3对，发达，爪下无齿，后足胫节端部有少许透明孔。体两面具长毛。

2.雄成虫

体长纺锤形，口器萎缩，中胸具1对前翅，后翅退化为平衡棒。两对单眼，触角10节。体末有一对发达的生殖鞘。

3.卵

长椭圆形，块产，粉红色，（3.2～3.4）mm×（1.4～1.7）mm，表面被白色绵絮状物。

（三）发生规律

1年发生3～4代，世代重叠，以受精雌成虫和若虫越冬，4—11月均有发生，4月上中旬成虫开始产卵，4月下旬至5月上中旬第1代若虫开始孵化，以5—6月、8—10月最为严重，雌虫和若虫在枝梢和叶背吸取营养，引起植物长势衰退，生长缓慢，叶片变黄，嫩枝干枯，并诱发煤污病，严重时整株落光。

（四）防控技术

1.农业防治

加强果园管理，提高果树抗虫害能力。结合整形修剪，把带虫的枝条集中烧毁，以减少虫口数量。

2.生物防治

保护利用自然天敌，如瓢虫是其主要捕食性天敌，通过提供庇护场所或人工助迁、释放澳洲瓢虫、大红瓢虫和黑缘红瓢虫等，可有效防治为害。

3.物理和机械防治

首先及时采取拔株、剪枝、刮树皮或刷涂等措施；其次采用枝干涂粘虫胶或其他阻隔方法，可阻止扩散，消灭绝大部分若虫。

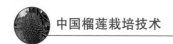

4.化学防治

发生为害时用44%多虫清乳油1 000～1 500倍液，或用10%吡虫啉可湿粉1 000～1 500倍液喷雾。

三、榴莲木虱 [*Allocaridara malayensis*（Crawford）]

（一）为害概况

榴莲木虱（*Allocaridara malayensis*）属半翅目（Hemiptera）木虱科Psyllidae，成虫若虫都在榴莲的嫩叶及新梢刺吸汁液为害，造成新梢生长缓慢，变形，是榴莲生长期重要害虫。

（二）形态特征

1.成虫
体长5 mm，为绿色带有褐色。

2.若虫
孵化时约1 mm、末龄可达3 mm，若虫体外覆有蜡粉，尾部有白色蜡丝。

（三）发生规律

成虫将卵产在叶片或新梢组织中，每8～14粒为一串，致使产卵部位变黄或变褐色。成虫寿命长达6个月，不活跃，不善飞翔。每年6—11月间密度较高。

（四）防控技术

1.农业防治
统一品种使之抽芽整齐；加强树冠管理，摘除零星嫩梢。

2.化学防治
每次抽芽1～4 cm发生木虱时喷药：2.5%溴氰菊酯1 500～2 000

倍液喷雾，或用50%敌敌畏1 000倍液喷雾，或用2.5%高效氯氟氰菊酯2 000倍液喷雾。

四、白痣姹刺蛾（*Chalcocelis albiguttatus*）

（一）为害概况

白痣姹刺蛾*Chalcocelis albiguttatus*（Snellen）属鳞翅目（Lepidoptera）刺蛾科（Limacodidae），以幼虫咬食榴莲叶片。

（二）形态特征

1. 成虫

雌雄异色。雄蛾灰褐色，体长9～11 mm，翅展23～29 mm。触角灰黄色，基半部羽毛状，端半部丝状。下唇须黄褐色，弯曲向上。前翅中室中央下方有1个黑褐色近梯形斑，内窄外宽，上方有1个白点，斑内半部棕黄色，中室端横脉上有1个小黑点。雌蛾黄白色，体长10～13 mm，翅展30～34 mm。触角丝状。前翅中室下方有1个不规则的红褐色斑纹，其内线有1条白线环绕，线中部有1个白点，斑纹上方有1个小稿斑。

2. 卵

椭圆形，片状，蜡黄色半透明，长1.5～2.0 mm。

3. 幼虫

1～3龄幼虫黄白色或蜡黄色，前后两端黄褐色，体背中央有1对黄褐色的斑。4～5龄幼虫淡蓝色，无斑纹。老龄幼虫体长椭圆形，前宽后狭，体长15～20 mm，宽8～10 mm，体上覆有一层微透明的胶蜡物。

4. 蛹茧

茧白色，椭圆形，长8～11 mm，宽7～9 mm。

5. 蛹

粗短，栗褐色，触角长于前足，后足和翅端伸达腹部第7节。

（三）发生规律

1年发生4代，以蛹越冬，翌年3月底4月初出现为害。成虫多数在晚上19：00—20：00时羽化，大部分蛾第2晚交尾，第3晚产卵。卵单产于叶面或叶背，以叶背为多。第1代卵期4~8 d，幼虫期53~57 d；第2、3代卵期4 d，幼虫期28~35 d；第4代卵期5 d，幼虫期60~65 d。第1至第3代蛹期15~27 d；越冬代蛹期90~150 d，平均143 d。成虫有趋光性，寿命3~6 d。

（四）防控技术

1.农业防治

及时摘除幼虫群集的叶片；成虫羽化前摘除虫茧，消灭其中幼虫或蛹；结合整枝、修剪、除草和冬季清园、松土等，清除枝干上、杂草中的越冬虫体，破坏地下的蛹茧，以减少下代的虫源。

2.物理防治

利用黑光灯诱杀成虫；利用成蛾有趋光性的习性，在6—8月掌握在盛蛾期，设诱虫灯诱杀成虫。

3.生物防治

每克含孢子100亿的白僵菌粉0.5~1 kg在叶片潮湿条件下防治1~2龄幼虫。

4.化学防治

幼虫发生期是防治时期，药剂可选用50%辛硫磷乳油1 400倍液，或用10%天王星乳油5 000倍液，或用20%菊马乳油2 000倍液，或用20%氯马乳油2 000倍液。

第七章

果实采收及储藏

第一节　果实采收

一、成熟采收

榴莲嫁接品种一般在定植后4～6年开始结果，实生苗通常需要7～10年，榴莲果实的大小和形状根据品种和授粉的完成程度不同而不同，大多数为椭圆形。果实一般重1.5～4 kg，在一个完整的榴莲果实中，果肉占15%～25%，种子约占20%，可食率低使它成为世界上最昂贵的水果之一。

榴莲主要种植于泰国、马来西亚和印度尼西亚等，其他的一些种植区域还包括越南、老挝、柬埔寨、斯里兰卡、缅甸等，在美洲也有零星的榴莲产地分布。目前我国榴莲种植区域主要集中在海南南部地区，包括保亭、陵水、万宁、三亚、乐东、琼中、琼海等市县，其中保亭、陵水等已陆续挂果。

研究结果表明，榴莲采收期随海拔和品种的变化而变化，低海拔地区的果园往往挂果较早。不同海拔地区的气象因子（旱季时间、平均气温、最高气温和最低气温）与物候期（花芽形成期、开花期和采收期）之间存在显著的相关性。除旱季外，降水强度对花芽形成和采收期长短无明显影响。不同海拔地区的气温、温差、最低温度与开花期和采收期呈负相关。海拔的升高会延长当地榴莲的采收期。在泰国和马来西亚，榴莲采收期在6—7月；在印度尼西亚，采收期从10月至翌年2月；在菲律宾是8—9月。

（一）中国

国内榴莲一年有2个成熟季，分别为每年11至翌年2月及6—8月。当果实转橙黄色或橙红色时即为成熟，可采收。远距离运输时一般不到充分成熟就采收，采收后果实不能直接鲜食，需要经过4～7 d后熟期，待果肉松软后才能食用，就近销售的可在树上充分成熟后采收，果实风味最好。

（二）泰国

泰国商业种植品种主要有金枕、青尼和干尧，其中金枕和青尼种植面积占全国90%。榴莲鲜果上市期为4月中旬至9月。根据各地区气候和品种差异，采收期会提前或延迟，其中，泰国东部地区鲜果上市期为4月中旬至7月，北部地区6—7月，南部地区7—9月。

（三）马来西亚

马来西亚的榴莲种植区可分为3个区域，分别为吉打州、槟城州和霹雳州北部的地区，榴莲鲜果上市期为5—8月；在马来西亚中部和南部地区与霹雳州南部、雪兰莪州、森美兰州、马六甲、彭亨和柔佛州，榴莲鲜果上市期为6—8月，淡季节在12至翌年1月；东海岸从北部的吉兰丹以南，榴莲鲜果上市季节为7—12月。

（四）印度尼西亚

印度尼西亚榴莲鲜果上市期一般为11月至翌年3月。

（五）其他国家

在菲律宾，榴莲鲜果上市期一般在8—11月；在越南，榴莲鲜果上市期一般在5—7月；在老挝、柬埔寨和缅甸，榴莲鲜果上市期一般在5月中旬至7月；在文莱，榴莲鲜果上市期一般为7—11月；在新加坡，榴莲鲜果上市期分别为6—9月和12月至翌年2月。在斯里兰卡，榴莲一般在3—4月开花，果实在7—8月成熟。

二、分级方法

根据国际食品标准《榴莲标准》（CODEX STAN 317—2014），榴莲分为3个等级。

特级果，必须具有特优品质，每个榴莲果至少应带有4个饱满的子房室，尖刺发育良好，顶端无分叉，外观饱满圆润，没有磕伤碰伤。

一级果，具有良好品质，尖端发育良好，顶端无分叉，外形有轻微缺陷，至少应带有3个饱满的子房室，不能有虫眼和碰伤。

二级果，应带有2个饱满的子房室，常用于制作榴莲糖等。

三、包装方法

国内售卖的榴莲多数都是进口食品，通常以整颗或者冷冻果肉形式上架。因为气味、处理难度、运输、储存等多重原因，通用的做法是直接鲜切并冷冻榴莲肉来降低气味、方便即食、减轻运输成本。但鲜切果肉会破坏组织和细胞完整性，加速呼吸速率、乙烯合成，酶促褐变；冷冻果肉虽然可以延长货架期，但破坏了酶，导致颜色改变、口感劣化、营养价值流失，受损的植物组织也为微生物生长提供营养培养基。而气调包装可以根据榴莲果肉的腐败特点调整到适合它的气体混合比例，这种包装方式可以减少运输途中产生的损失，还可以保持榴莲更好的口感。

四、果品加工产品

榴莲果肉可加工为成榴莲糖、榴莲酥、榴莲干（片）、榴莲酱、榴莲粉、榴莲蛋糕、榴莲糕、榴莲冰激凌、榴莲罐头、榴莲月饼等一系列产品（图7-1，图7-2）。

榴莲可以制成速冻产品，主要包括整粒速冻榴莲、速冻榴莲果肉、速冻榴莲果泥、速冻榴莲干、速冻果肉原料、榴莲比萨、榴莲糯米饭、糖渍榴莲等。

图 7-1　榴莲干

图 7-2　榴莲月饼

第二节　储藏方法

　　榴莲是呼吸跃变型水果，果皮的生理活性比果肉（假种皮）要大得多，也很容易发生生理病害，并影响果肉品质。其生长环境温湿度都极高，侵染性病害，尤其是疫霉菌侵害，十分严重。只有用最适宜的温度、湿度、乙烯浓度、通风条件进行催熟，才能保证果实按期达到销售成熟度，并使生理病害和侵染性病害控制到最低水平。传统方法是包装前进行乙烯利果把涂抹处理，期望榴莲在运输过程中后熟，到达批发和零售市场时恰好达到销售成熟度（果皮转为黄褐色、有气味释放，但未开裂）。有时市场果太多或气候原因造成销路不畅，积压的榴莲会过熟开裂，甚至腐烂；而有时果实太绿，在销售需求迫切的市场上，又难以获得高价。

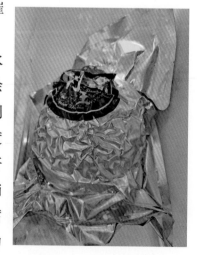

图 7-3　单果液氮储藏

近年来，泰国、马来西亚等地流行采用冷库速冻对榴莲进行保存，速冻保存可以保证榴莲果肉在自然成熟状态下剥离，不用任何添加剂，健康安全，而且从冷库拿出来的榴莲果肉稍稍解冻，闻起来味道不重，有冰激凌的口感。榴莲采摘后，必须在8 h内进行快速冷冻处理，一般情况下，榴莲落地后3 h左右就存入−60 ℃的低温冷库进行速冻，快速冷冻1 h后，进入−22 ～ −18 ℃冷库保存。这样，榴莲的浓郁和香甜才能得到充分保留。如果把榴莲果肉直接取出进行真空包装冷冻也是很好的储存方法，只不过该项技术更复杂些。

第三节　果实挑选技术

消费者挑选榴莲时需注意"五看一闻一捏一摇"。

看形状：选果形好的，非畸形的果实。果形较丰满的榴莲，外壳比较薄些，果肉的瓣也会多些。那种长圆形的，一般外壳较厚，果肉较薄。

看大小：榴莲个头大的水分足、够甜，一个成熟的榴莲一般为1.5 ～ 1.7 kg。如果是同样大小的榴莲，轻的榴莲核小，重的榴莲核大。

看果柄：果柄粗壮而且新鲜，则是营养充足又新鲜的榴莲。

看外观：一般来说，同一品种榴莲，果实成熟的果粒较大，颜色相对偏黄，呈浅黄或深黄色。如果颜色发青或呈绿色，说明不够成熟。

看裂口：若果实顶部有一些细微裂缝，同时能闻到浓郁气味，说明榴莲成熟度高。但不建议挑选有较大裂口的榴莲，因无法确认果肉是否受到污染。

闻味道：可靠近榴莲底部闻一闻，成熟的榴莲有浓郁的气味。如果闻到酒味，说明榴莲可能已经变质。如果闻到类似刚剪过的青草的味道，说明还不够成熟。

　　捏尖刺：用手捏住两个相邻刺的尖端部位向内靠拢，如果轻松捏动，表明榴莲已熟。如果较难捏动、手感坚实，表明未完全熟透。用手捏的过程中要注意安全，小心扎手。

　　摇果肉：将榴莲轻轻地拿起来，拿稳后用手轻轻摇晃，如果感到里面有轻轻碰撞的感觉，或稍稍有声音，说明果肉已成熟并脱离果壳，反之则较生。

第八章

中国榴莲产业发展前景分析

第一节 榴莲种植宜区

一、榴莲适宜区气候要求

榴莲产业发展生态指标也称为经济栽培生态指标，经济栽培有一定的区域性。根据国外资料和海南引种栽培及胁迫实验数据综合分析，榴莲经济栽培最适宜的生态指标是：年平均温22～33 ℃，最冷月（1月）月平均气温>8 ℃，冬季绝对低温6 ℃以上，全年基本上没有霜冻，个别品种6 ℃时地上部大多嫩梢新叶受寒害甚至冻死，≥10 ℃有效积温7 000 ℃以上，未出现5 ℃以下的低温，5 ℃下第3天种苗冷害严重，且低温过后植株难以恢复；年平均总降水量1 000～2 000 mm，且全年雨量分布均匀，湿度高；榴莲果树喜好阳光，年日照时数1 870.3 h以上，光线充足有助于促进同化作用、增加有机物的积累，有利于生长及花芽分化，有助于提高品质，而幼树要避免阳光直射，以免灼伤；土壤pH值5.5～6.0，有机质含量2%以上；榴莲最惧台风、干热风等，榴莲植株比较脆，易遭受风害，尤其是海南每年的台风季节频发期在7—10月，重点要防台风，另外一般位于风口上（迎风处）的榴莲基地，稍微大点的风对植株生长发育影响也非常大，通常会把叶片及花蕾吹掉，风速宜在1.3 m/s以下，基地的海拔应在600 m以下。

二、国内榴莲种植区域有限

国内榴莲种植最大适宜区在海南岛，国产榴莲看海南，海南榴莲看琼南一带，目前海南19个市县中除三沙市和临高县外，有17个市县陆续试种榴莲，把海南榴莲种植分为优势适宜区和适宜区。

优势适宜区：主要包括保亭县各乡镇，陵水县远离沿海靠接保亭的文罗镇、本号镇、群英乡、隆广镇等乡镇，三亚市天涯区、崖洲区、吉阳区、海棠区沿海的环岛高铁以内的各乡镇，乐东县远离沿海的利国镇、尖峰镇、千家镇、大安镇、万冲镇等相关乡镇，五指山热带雨林河谷沿岸（南圣河）的番阳镇、毛道乡、毛阳乡和通什镇等相关乡镇，东方市远离沿海环岛高铁路线向海南中部的相关各乡镇。

次适宜区：主要指海南中部或以北的各市县的相关乡镇及其岛外南方各省的局部小气候环境的区域。

综合评述，榴莲本土化种植区域有限，尚不能实现大面积大规模种植，这表明了国产榴莲是名副其实的热带特色优稀果树，具有广阔的发展前景。

第二节　榴莲果实品质

我国是全球最大的榴莲进口国和榴莲消费国，中国市场上榴莲的供应几乎全部依赖进口。据联合国商品贸易组织数据显示，我国榴莲进口量占全球比重达82%。目前，全球榴莲贸易主要由泰国和中国两个国家主导，分别是主要的出口国和进口国。随着近年来我国居民生活水平的提升以及消费结构的升级，营养丰富又有着独特风味的榴莲受到越来越多消费者的喜爱。而国外进口的榴莲，由于需要长途运输，榴莲未到充分成熟时就得采收，一般在六成熟左右就采收，此时的果实相关品质未发育到应有水平，严重影响果实风味等，从而影响果实品质。而在海南本地种植，榴莲果实可以在树上充分成熟，达到榴莲品种应有的风味品质。榴莲本土化种植既缩短了运输时间，节约了运输成本，同时又可以实现榴莲果实树上熟，风味品质较好，发展本土榴莲更具优势。

第三节　榴莲消费习惯

榴莲被称为"水果之王"。榴莲常让人们爱恨交织：爱者赞其香，将其黄色内瓤形容为一种奶油状蛋羹，带有香葱、糖粉和焦糖奶油的味道。厌者怨其臭，一脸鄙夷地将它的味道比作腐烂的洋葱、松节油和脏兮兮的健身袜。俗话说：一个榴莲三只鸡。榴莲含有丰富的维生素、矿物质、蛋白质等，营养价值极高，是当之无愧的"水果之王"。

榴莲的消费者以女性为主，有数据显示，榴莲的女性消费者渗透率为0.865%，男性消费者渗透率仅有0.098%（图8-1），女性消费量是男性的9倍左右。从年龄来看，榴莲的消费者主力为有消费能力的年轻人（图8-2），其中，24～30岁的年轻群体的渗透率为0.554%；其次是31～40岁，渗透率为0.248%；排名第3的是18～23岁的年龄层，渗透率为0.224%。

综合评述：榴莲的消费人群以女性为主，也是年轻人消费的特色果品。

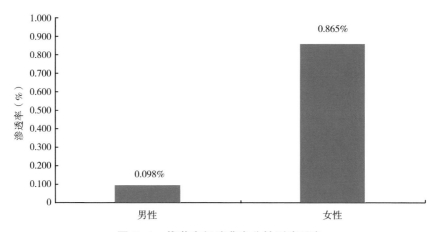

图8-1　榴莲市场消费者分性别渗透率

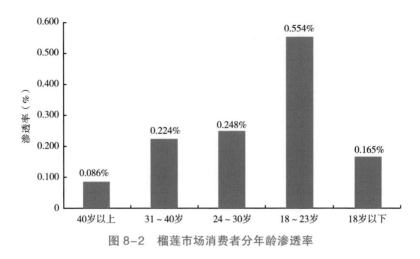

图 8-2　榴莲市场消费者分年龄渗透率

第四节　榴莲市场需求

我国是全球最大的榴莲进口国和榴莲消费国，中国市场上的榴莲的供应几乎全部依赖进口。据联合国商品贸易组织数据显示，我国榴莲进口量占全球比重达82%。2010—2019年，我国榴莲消费量年平均增长率超过16%，2020年受疫情影响，消费量有所下降，2021年又快速回升，市场需求量近百万吨。基于我国庞大的人口基数以及榴莲生长周期较长的自然特性，我国榴莲市场在较长时间持续保持供不应求的态势。

近年来，我国鲜榴莲进口量及进口额快速增长（图8-3）。据中国海关统计，2021年，我国鲜榴莲进口量达82.16万t，进口额42.05亿美元，同比增幅分别为42.66%和82.44%。与2017年相比，进口量增长了59.72万t，增幅达266.16%；进口额了增长36.53亿美元，增幅达661.78%。

进口榴莲平均单价60元/kg，单果一般200元以上。2021—2022年，本土榴莲树上熟的果实出园价约500元/个。

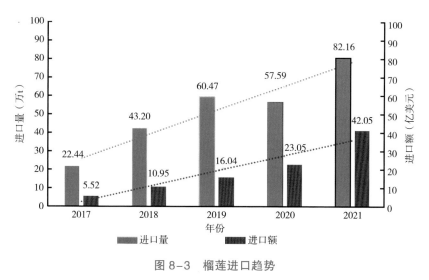

图 8-3 榴莲进口趋势

综合评述：进口榴莲价格不低，本土榴莲价格更高，且供不应求，是名副其实的高端果品。

第五节 榴莲产业政策

2022年4月，习近平总书记在海南考察调研时指出，"根据海南实际，引进一批国外同纬度热带果蔬，加强研发种植，尽快形成规模，产生效益"。

2019年5月，海南省农业农村厅召开海南榴莲产业发展座谈会，指出"要大力发展榴莲仍然存在一些不确定性。如榴莲适宜种植区的选择有待论证，目前仅保亭有成功案例；品种的适应性有待更全面的调研，虽然东南亚国家普遍种植榴莲，气候与我省南部相似，但小气候环境和主栽品种特性仍需做更全面的调研和比较等，以上这些均是关乎我省榴莲产业能否大力发展的关键问题"。2020年6月海南省政府副省长刘平治到保亭调研榴莲引种试种基地，指出"通过试种植能够证实榴莲在海南可以种植，关键是要保证种出来的品质。"他希望保亭加强与有关农业科学院的合作，为榴莲种植提供科研技术保障，让榴莲能够早日在保亭实现规模化种植，为全省提供可推广的经验，打造海南的榴莲产业品牌。海南省科学技术厅在《2020年省重点研发计划科技合作方向项目申报指南（琼科〔2020〕98号文）》中明确把榴莲列为重点资助对象，充分说明海南省委省政府对培育海南榴莲新兴产业的重视；2022年海南省农业农村厅在《海南省热带特色高效农业全产业链培育发展三年（2022—2024）行动方案》（琼农字〔2022〕147号）中把榴莲作为海南重点支持的17大产业之一；2022年海南省《热带优异果蔬资源开发利用规划（2022—2030）》中把榴莲作为特色产业重点推进；2021年海南保亭县人民政府把榴莲列为"保亭柒鲜"重点培育产业之一。

综合评述：本土榴莲种植也只有海南南部各市县有大面积种植榴莲的可能性，耐寒性较好的品种在海南都有大面积种植的可能性，必将是海南的特色果业之一。

第六节　榴莲科普文化

一、榴莲的传说

榴莲因其果肉为淡黄色、黏性多汁，酥软味甜，吃起来具有乳酪和洋葱味，初尝有异味，续食清凉甜蜜，回味甚佳，故有"流连（榴莲）忘返"的美誉。关于榴莲一词的来历，说法不一。

传说一：明朝"三宝太监"郑和率船队三下南洋，由于出海时间太长，许多船员都归心似箭，有一天，郑和在岸上发现一堆奇果，他拾得数个同大伙一起品尝，岂料多数船员称赞不已，竟把思家的念头一时淡化了，有人问郑和，"这种果叫什么名字"，他随口答道："流连"。以后人们将它转化为"榴莲"。

传说二：传古时一群男女漂洋过海下南洋，遇上了风浪，只有一对男女漂泊几天到达一个美丽的小岛；岛上居民采来一种果实给他们吃，两人很快恢复了体力，再也不愿意回家，在此结为夫妻，生儿育女。后来人们给这个水果起名叫"榴莲"，意思是让人"流连忘返"。

二、榴莲的邮票

榴莲是国内外有故事、有文化的高端水果（图8-4至图8-9）。

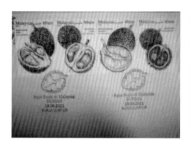

图 8-4　马来西亚 2021 年发行的榴莲邮票　　图 8-5　马来西亚榴莲邮票　　图 8-6　越南 1996 年发行的榴莲邮票

图 8-7　新加坡 2008 年发行的榴莲邮票　　图 8-8　印度尼西亚 2017 年发行的榴莲邮票　　图 8-9　印度尼西亚 1968 年发行的榴莲邮票

<h1 style="text-align:center">第七节　产业问题与对策</h1>

一、盲目发展与对策

（一）盲目发展

我国最早的榴莲引种记录是1958年海南农垦保亭热带作物研究所从马来西亚引进的实生苗，至今已有60余年，因品种及栽培管理等因素影响，其间很少结果。20世纪70—80年代广东、海南均有引种试种，但少有开花结果。2005—2014年海南部分果农分别从马来西亚、越南等东南亚国家引进猫山王、金枕等少量榴莲种苗，在海南省保亭县试种，至今已连续多年开花结果，最高纪录单株年结果可达到50个以上，表明海南部分地区存在发展榴莲产业的可能性。

由于国产榴莲市场价格高，单果价格300～500元/个，且一直处于供不应求的现状，再加之有少量的植株有结果的先例，再加之部分科技人员及农技推广人员推广宣传，导致市场主体及农户盲目发展，目前在海南19个市县中已有17个市县陆续种植，种植面积有3万亩左右，许多种植主体都是处于盲目发展。

（二）对策

一是因地制宜，优先选择海南保亭、三亚、乐东和琼海等地；二是先小面积多品种试种，稳步推进；三是加强与国内外专业人士及同行交流。

二、灾害危害与对策

（一）灾害危害

海南偶尔会有寒流，会出现低温天气，尤其是海南的北部地区；同时，海南每年的7—10月为台风高发期。因此，榴莲在海南种植易发生冷害和风害。

（二）对策

1.因地制宜

榴莲种植应该因地制宜，重点在海南南部市县发展，一定程度会降低寒害的发生，优势区域主要有保亭、陵水、三亚、乐东、五指山局部地段等。

2.优化栽培模式

主要采取矮化密植的抗风栽培模式，或者间作模式，如槟榔间作榴莲、菠萝蜜间作榴莲等。

3.品种选育

加强资源收集、保存评价及品种选育工作，重点选育抗寒性强的优良品种。

4.采取抗性保护措施

（1）冷害预防

一是改善榴莲果园小气候环境进行保护，主要包括对榴莲树体覆盖塑料膜、果园灌水、果园熏烟、果树喷水等措施改变小气候环境；二是加强田间管理技术，增强树势，可喷施一些防冻剂。

（2）防风害措施

一是建防风林，在果园四周建立防风林；二是建防风挡墙，主要在果园逆风面或者风口处建筑防风墙；三是设支柱固定树干，减轻风害。

三、品种匮乏种苗混乱与对策

（一）品种缺种苗乱

榴莲优良品种和健康种苗是优质高产栽培的基础，是产业健康发展的保障，只有选育出适合当地气候特点的榴莲优良品种和健康种苗，才能保障榴莲产业健康可持续发展。目前海南出现榴莲种植热潮，存在的问题：一是很多种植企业及种植户盲目从国外引进榴莲品种和良莠不齐的种苗。二是从国外盲目购买不明品种的榴莲种子进行育苗后进一步嫁接不明品种的接穗，给后续产业的健康发展带来隐患。

（二）对策

1. 引种观测

加强榴莲资源收集、保存、评价与开发利用工作，同时加强榴莲商业种的引种与品种选育工作，引进的榴莲商业品种小范围试种观测与驯化，充分掌握品种特性后方可大面积商业化种植，降低品种适应性带来的风险。

2. 良种良苗繁育

加强榴莲良种良苗的繁育技术研发，从砧木苗繁育再到嫁接技术优化等，实施榴莲种苗规范化和标准化繁育。

四、榴莲高效栽培技术落后与对策

（一）技术落后

榴莲是木棉科常绿大乔木的典型热带果树，植株抗风性差，干热风等对植株生长发育影响较大。榴莲不仅花期短，且都是夜间开花，早晨7:00左右谢花，晚上开花时活动的授粉媒介昆虫较少，从而影响榴莲开花时授粉受精的效果，从而影响果实的品质和产量，在植株生长发育过程中，出现花果并存，同一时期植株上有花蕾在开花，也有果实正在生长发育，这样给植株营养调控带来一定的难度。由于我国榴莲种植是近年来才得到发展，而且很多企业边引进边商业化大规模发展，榴莲病虫害的研究与综合防控技术滞后。果实采收后一方面是保鲜技术研究少，另一方面是榴莲果实可食率仅30%～40%，而果实果壳等60%～70%当作废弃物处理未得到高值化开发利用。

（二）对策

1.栽培模式优化

榴莲种植中要因地制宜，创新栽培模式，主要是选择适宜的栽培环境，采取矮化密植并配置授粉树的栽培模式，或者间作的栽培模式。

2.管理技术研发

加强榴莲高效栽培技术的研发，主要包括保花保果、营养调控、病虫害综合防控和采后加工等技术的研发。

参考文献

高婷婷，刘玉平，孙宝国，2014. SPME-GC-MS 分析榴莲果肉中的挥发性成分[J]. 精细化工，31（10）：1229-1234.

毛海涛，林兴娥，丁哲利，等，2020. 9个榴莲品种主要果实性状的比较分析[J]. 浙江农业科学，61（11）：2360-2365.

青莲，2005. 榴莲品种介绍[J]. 世界热带农业信息（10）：24-27.

张博，李书倩，辛广，等，2012. 金枕榴莲果实各部位挥发性物质成分GC/MS分析[J]. 食品研究与开发，33（1）：130-134.

张艳玲，朱连勤，杨欣欣，等，2015. 榴莲皮营养组分的检测与评价[J]. 黑龙江畜牧兽医（4）：138-140.

AMID B T，MIRHOSSEINI H，2012a. Influence of different purification and drying methods on rheological properties and viscoelastic behaviour of durian seed gum [J]. Carbohydrate Polymers，90（1）：452-461.

AMID B T，MIRHOSSEINI H，2012b. Optimisation of aqueous extraction of gum from durian（*Durio zibethinus*）seed：A potential，low cost source of hydrocolloid [J]. Food Chemistry，132（3）：1258-1268.

AMIN A M，AHMAD A S，YIN Y Y，et al.，2007. Extraction，purification and characterization of durian（*Durio zibethinus*）seed gum [J]. Food Hydrocolloids，21（2）：273-279.

ANSARI R M，2016. Potential use of durian fruit（*Durio zibenthinus* L.）as an adjunct to treat infertility in polycystic ovarian syndrome [J]. Journal of Integrative Medicine，14（1）：22-28.

ARANCIBIA-AVILA P，TOLEDO F，PARK Y S，et al.，2008. Antioxidant properties of durian fruit as influenced by ripening[J]. Lebensmittel-Wissenschaft und-Technologie-Food Science and Technology，41（10）：2118-2125.

ASHRAF M A，MAAHAND M J，YUSOFF I，2011. Estimation of antioxidant phytochemicals in four different varieties of durian（*Durio zibethinus Murray*）fruit[C]. Singapore：International Conference on Bioscience, Biochemistry and Bioinformatics.

BANERJEE S, GULZAR A, NAYIK J, et al., 2020. Antioxidants in Fruits：Properties & Health Benefits-Book Chapter-Blueberries[M]. Berlin：Springer Singapore.

BELGIS M, WIJAYA C H, APRIYANTONO A, et al., 2016. Physicochemical differences and sensory profiling of six lai（*Durio kutejensis*）and four durian（*Durio zibethinus*）cultivars indigenous Indonesia[J]. International Food Research Journal, 23（4）：1466-1473.

BLENCH R, 2008. A history of fruits on the Southeast Asian mainland[M]. Japan：Occasional Paper.

BOONKIRD S, 1992. Biological studies of stingless bee, Trigona laeviceps Smith and its role in pollination of durian, *Durio zibethinus* L. cultivar Chanee[D]. Bangkok, Thailand：Kasetsart University.

BROWN M J, 1997. *Durio*-A Bibliographic Review[M]. New Delhi, India：International Plant Genetic Resources Institute.

BUMRUNGSRI S, SRIPAORAYA E, CHONGSIRI T, et al., 2009. The pollination ecology of durian（*Durio zibethinus*, Bombacaceae）in southern Thailand[J]. Journal of Tropical Ecology, 25：85-92.

CHAITRAKULSUB T, SUBHADRABANDHU S, POWSUNG T, et al., 1992. Effect of paclobutrazol on vegetative growth, flowering, fruit set, fruit drop, fruit quality and yield of lychee cv. Hong Huay[J]. Acta Horticulturae, 321：291-299.

CHANDRAPARNIK S, HIRANPRADIT H, SALAKPETCH S, et al., 1992a. Influence of thiourea on flower bud burst in durian, Durio zibethinus Murr[J]. Acta Horticulturae, 321：348-355.

CHANDRAPARNIK S, HIRANPRADIT H, PUNNACHIT U, et al.,

1992b. Paclobutrazol influences flower induction in durian, Durio zibethinus Murr[J]. Acta Horticulturae, 321: 282-290.

CHINGSUWANROTE P, MUANGNOI C, PARENGAM K, et al., 2016. Antioxidant and anti-inflammatory activities of durian and rambutan pulp extract[J]. Food Research International, 23: 939-947.

DEMBITSKY V M, POOVARODOM S, LEONTOWICZ H, et al., 2011. The multiple nutrition properties of some exotic fruits: Biological activity and active metabolites[J]. Food Research International, 44 (7): 1671-1701.

GORINSTEIN S, POOVARODOM S, LEONTOWICZ H, et al., 2011. Antioxidant properties and bioactive constituents of some rare exotic Thai fruits comparison with conventional fruits in vitro and in vivo studies[J]. Food Research International, 44: 2222-2232.

GORZYNIK-DEBICKA M, PRZYCHODZEN P, CAPPELLO F, et al., 2018. Potential health benefits of olive oil and plant polyphenols[J]. International Journal of Molecular Sciences, 19, 547.

HARIYONO D, ASHARI S, SULISTYONO R, et al., 2013. The study of climate and its influence on the flowering period and the plant's age on harvest time of durian plantation (Durio zibethinus Murr.) on different levels of altitude area[J]. Journal of Agricultural and Food Chemistry, 3 (4): 7-12.

HARUENKIT R, POOVARODOM S, VEARASILP S, et al., 2010. Comparison of bioactive compounds, antioxidant and anti-proliferative activities of Mon Thong durian during ripening[J]. Food Chemistry, 118 (3): 540-547.

HARUENKIT R, POOVARODOM S, V EARASILP S, et al., 2010. Comparison of bioactive compounds, antioxidant and antiproliferative activities of Mon Thong durian during ripening[J]. Food Chemistry，118，540-547.

HIRANPRADIT H，JANTRAJOO S，LEE-UNGULASATIAN N，1992. Group characterization of Thai durian，*Durio zibethinus* Murr. [J]. Acta Horticulturae，321：263-269.

HOE T K，PALANIAPPAN S，2013. Performance of a durian germplasm collection in a Peninsular Malaysian fruit orchard[J]. Acta Horticulturae，975：127-137.

HOKPUTSA S，GERDDIT W，PONGSAMART S，et al.，2004. Water-soluble polysaccharides with pharmaceutical importance from Durian rinds（*Durio zibethinus* Murr.）：isolation，fractionation，characterisation and bioactivity [J]. Carbohydrate Polymers，56（4）：471-481.

HONSHO C，YONEMORI K，SUGIURA A，et al.，2004a. Durian floral differentiation and flowering habit[J]. Journal of the American Society for Horticultural Science，129：42-45.

HONSHO C，YONEMORI K，SOMSRI S，et al.，2004b. Marked improvement of fruit set in Thai durian by artificial cross pollination[J]. Scientia Horticulturae，101：399-406.

HONSHO C，SOMSRI S，TETSUMURA T，et al.，2007. Characterization of male reproductive organs in durian；anther dehiscence and pollen longevity[J]. Journal of the Japanese Society for Horticultural Science，76：120-124.

HUSIN N A，RAHMAN S，KARUNAKARAN R，et al.，2018. A review on the nutritional，medicinal，molecular and genome attributes of Durian（*Durio zibethinus* L.），the King of fruits in Malaysia[J]. Bioinformation，14，265-270.

IDRIS S，2011. Durio of Malaysia[M]. Kuala Lumpur，Malaysia：Tropical

Press.

ISABELLE M，LEE B L，LIM M T，et al.，2010. Antioxidant activity and profiles of common fruits in Singapore[J]. Food Chemistry，123：77-84.

JANTEE C，VORAKULDUMRONGCHAI S，SRITHONGKHUM A，et al.，2017. Development of technologies to extend the durian production period[J]. Acta Horticulturae，1186：115-120.

JANTRAJOO S，1992. Group characterization of Thai durian，*Durio zibethinus* Murr. [J]. Acta Horticulturae，321：263-269.

JAYAKUMAR R，KANTHIMATHI M S，2011. Inhibitory effects of fruit extracts on nitric oxide-induced proliferation in MCF-7 cells[J]. Food Chemistry，126，956-960.

JOHNSON G I，HIGHLEY E，JOYCE D C，1998. Disease resistance in fruit[C]. Chiang Mai.

JOHNSON R S，HANDLEY D F，DEJONG T M，1992. Long term response of early maturing peach trees to postharvest water deficits[J]. Journal of the American Society for Horticultural Science，117：881-886.

JUTAMANEE K，SIRISUNTORNLAK N，2017. Pollination and fruit set in durian 'Monthong' at various times and with various methods of pollination[J]. Acta Horticulturae，1186：121-126.

JUTAMANEE K，PANICHATTRA W，LABBORIBOON P，2014. Effect on uniconazole on flowering，yield and fruit quality of durian[J]. Acta Horticulturae，1024：155-161.

KETSA S，PANGKOOL S，1994. The effect of humidity on ripening of durians[J]. Postharvest Biology and Technology，4：159-165.

KOKSUNGNOEN O，SIRIPHANICH J，2008. Anatomical changes during fruit development of durian cvs. Kradum and Monthong[J]. The Journal of Agricultural Science，39：35-44.

KOTHAGODA N, RAO A N, 2011. Anatomy of the durian fruit—*Durio zibethinus*[J]. Journal of Tropical Medicinal Plants, 12: 247-253.

LEONTOWICZ H, LEONTOWICZ M, HARUENKIT R, et al., 2008. Durian (*Durio zibethinus* Murr.) cultivars as nutritional supplementation to rat's diets[J]. Food and Chemical Toxicology, 46: 581-589.

LIM T K, 1990. Durian Diseases and Disorders[M]. Kuala Lumpur, Malaysia: Tropical Press.

LIM T K, LUDERS L, 1998. Durian flowering, pollination and incompatibility studies[J]. Annals Applied Biology, 132: 151-165.

LIU Y, FENG S, SONG L, et al., 2013. Secondary metabolites in durian seeds: Oligomeric proanthocyanidins[J]. Molecules, 18 (11): 14172-14185.

LO K H, CHEN Z, CHANG T L, 2007. Pollen-tube growth behaviour in 'Chanee' and 'Monthong' durians (*Durio zibethinus* L.) after selfing and reciprocal crossing[J]. Journal of Horticultural Science & Biotechnology, 82 (6): 824-828.

LU P, CHACKO E K, 2000. Effect of water stress on mango flowering in low attitude tropics of northern Australia[J]. Acta Horticulturae, 509: 283-290.

LYE T T, 1980. Durian clonal identification using floral bud characteristics. Paper number 2, seminar Nasional Buah-Buahan Malaysia[C]. Selangor.

MASRI M, 1991. Root distribution of durian, Durio zibethinus Murr. cv D24[J]. MARDI Res. J., 19 (2): 183-189.

MASRI M, 1999. Flowering, fruit set and fruitlet drop of durian (*Durio zibethinus* Murr.) under different soil moisture regimes[J]. Journal of Agricultural and Food Chemistry, 27 (1): 9-16.

MENZEL C M, SIMPSON D R, 1992. Growth, flowering and yield of lychee cultivars[J]. Scientia Horticulturae，42：243-254.

MIRHOSSEINI H，AMID B T，CHEONG K W，2013. Effect of different drying methods on chemical and molecular structure of heteropolysaccharide-protein gum from durian seed [J]. Food Hydrocolloids，31（2）：210-219.

MORTON J F，1987. Fruits of Warm Climates[J]. Creative Resource Systems：259-262.

MUHTADI，PRIMARIANTI A U，SUJONO T A，2015. Antidiabetic activity of durian（ *Durio zibethinus* murr.）and Rambutan（ *Nephelium Lappaceum* L.）fruit peels in Alloxan diabetic rats[J]. Procedia Food Science，3：255-261.

NANTHACHAI S，1994. Durian：Fruit Development，Maturity，Handling and Marketing in ASEAN[M]. Kuala Lumpur：ASEAN Food Handling Bureau.

NIKOMTAT J，PINNAK P，LAPMAK K，et al.，2017. Inhibition of herpes simplex virus type 2 in vitro by durian（ *Durio zibethinus* Murray）seed coat crude extracts[J]. Applied Mechanics and Materials，855：60-64.

NÚÑEZ-ELISEA R，DAVENPORT T L，1994. Flowering of mango trees in containers as influenced by seasonal temperature and water stress[J]. Scientia Horticulturael，58（12）：57-66.

PAŚKO P，TYSZKA-CZOCHARA M，TROJAN S，et al.，2019. Glycolytic genes expression，proapoptotic potential in relation to the total content of bioactive compounds in durian fruits[J]. Food Research International，125：1-11.

PHADUNG T，KRISANAPOOK K，PHAVAPHUTANON L，2011. Paclobutrazol，water stress and nitrogen induced flowering in 'Khao Nam Phueng' pummelo[J]. Kasetsart J.（Nat. Sci.），45：189-200.

POERWANTO R，EFENDI D，WIDODO W D，et al.，2008. Off-season

production of tropical fruits[J]. Acta Horticurae, 772: 127-133.

POLPRASID, P, 1960. Durian flowers[J]. Kasikorn, 33（2）: 37-45.

POLPRASID, P, 1961. An examination of roots of durian grown from seeds, inarches and marcots[J]. Kasikorn, 34（2）: 125-130.

PONGSAMART S, PANMAUNG T, 1998. Isolation of polysaccharidesfrom fruit-hulls of durian（*Durio zibethinus* L.）[J]. Songklanakarin Journal of Science and Technology, 20（3）: 323-332.

POOVARODOM S, HARUENKIT R, V EARASILP S, et al., 2013. Nutritional and pharmaceutical applications of bioactive compounds in tropical fruits[J]. International Society for Horticultural Science: 77-86.

RUSHIDAH W Z, ABD RAZAK S, 2001. Effects of paclobutrazol application on flowering time, fruit maturity and quality of durian clone D24[J]. Journal of Agricultural and Food Chemistry, 29（2）: 159-165.

SALAKPETCH S, CHANDRAPARNIK S, HIRANPRADIT H, 1992. Pollen grains and pollination in durian, *Durio zibethinus* Murr. [J]. Acta Horticulturael, 321: 636-640.

SANGCHOTE S, 2002. Comparison of inoculation techniques for screening durian root-stocks for resistance to Phytophthora palmivora[J]. Acta Horticulturael, 575: 453-455.

SANGWANANGKUL P, SIRIPHANICH J, 2000. Growth and development of durian fruit cv. Monthong[J]. Thai Journal of Agricultural Science, 33: 75-82.

SHAARI A R, ZAINAL ABIDIN M, SHAMSUDIN O M, 1985. Some aspects of pollination and fruit set in durian, *Durio zibethinus* Murr., cultivar D24[J]. Teknologi Buah-buahan MARDI, 1: 1-4.

SHANMUKHA RAO S R, RAMAYYA N, 1981. Distribution of stomata and its relation to plant habit in the order Malvales[J]. Indian Journal of

Botany, 4（2）: 149-156.

SMITH H F, O'CONNOR P J, SMITH S E, et al., 1998. Vesicular-arbuscular mycorrhizas of durian and other plants of forest gardens in West Kalimantan, Indonesia[M]. Schulte A, Ruhiyate D, Soils of Tropical Forest Ecosystems. Berlin, Heidelberg: Springer, 192-198.

SOMSRI S, 1987. Studies on hand pollination of durian（*Durio zibethinus* L.）cvs. Chanee and Kanyoa by certain pollinizers[D]. Bangkok: Kasetsart University.

SOUTHWICK S M, DAVENPORT T L, 1986. Characterization of water stress and low temperature effects on flower induction in citrus[J]. Plant Physiology, 81: 26-29.

SOUTHWICK S M, DAVENPORT T L, 1987. Modification of the water stress-induced floral response in Tahiti lime[J]. Journal of the American Society for Horticultural Science, 112（2）: 231-236.

SUAYBAGUIO M I, ODTOJAN R C, 1992. The effect of rainfall pattern on flowering behavior of durian[J]. Philippine Journal of Crop Science, 17: 125-129.

SUBHADRABANDHU S, KAIVIPARKBUNYAY K, 1998. Effect of paclobutrazol on flowering, fruit setting and fruit quality of durian（*Durio zibethinus* Murr.）cv. Chanee[J]. Kasetsart J.（Nat. Sci.）, 32: 73-83.

SUBHADRABANDHU S, SHODA M, 1997. Effect of time and degree of flower thinning on fruit set, fruit growth, fruit characters and yield of durian（*Durio zibethinus* Murr.）cv. Mon Thong[J]. Kasetsart J.（Nat. Sci.）, 31: 218-223.

SUBHADRABANDHU S, KETSA S, 2001. Durian King of Tropical Fruit[M]. Wellington: Daphne Brasell Associates Ltd.

TERADA Y, HOSONO T, SEKI T, et al., 2014. Sulphur-containing compounds of durian activate the thermogenesis-inducing receptors TRPA1 and TRPV1 [J]. Food Chemistry, 157: 213-220.

THONGKUM M, 2018. Differential expression of ethylene signal transduction and receptor genes during ripening and dehiscence of durian (*Durio zibethinus* Murr.) fruit[D]. Bangkok, Thailand: Kasetsart University.

TOLEDO F, ARANCIBIA-AVILA P, PARK Y, et al., 2008. Screening of the antioxidant and nutritional properties, phenolic contents and proteins of five durian cultivars[J]. International Journal of Food Sciences and Nutrition, 59: 415-427.

TONGUMPAI P, JUTAMANEE K, SUBHADRABANDHU S, 1991. Effect of paclobutrazol on flowering of mango cv. Khiew Sawoey[J]. Acta Horticulturae, 291: 67-70.

TRI M V, TAN H V, CHUA N M, 2011. Paclobutrazol application for early fruit promotion of durian in Vietnam[J]. Trop. Agric. Develop., 53 (3): 122-126.

VAWDREY L L, MARTIN T, DE FVERI J, 2005b. A detached leaf bioassay to screen durian cultivars suceptility to Phytophthora palmivora[J]. Australasian Plant Pathology, 34: 251-253.

VOON B H, 1994. Wild durian of Sarawak and their potentials[M]. Mohamad O, Abidin M Z, Mohd O. Recent Developments in Durian Cultivation. Serdang, Malaysia: MARDI.

WISUTIAMONKUL A, AMPOMAH-DWAMENA C, ALLAN A C, et al., 2017. Carotenoid accumulation and gene expression during durian (*Durio zibethinus*) fruit growth and ripening[J]. Scientia Horticulturae, 220: 233-242.

WISUTIAMONKUL A, PROMDANG S, KETSA S, et al., 2015. Carotenoids in durian fruit pulp during growth and postharvest ripening[J].

Food Chemistry, 180: 301-305.

YAACOB O, SUBHADRABANDHU S, 1995. The Production of Economic Fruits in South-East Asia[M]. Kuala Lumpur: Oxford University Press.

YUNIASTUTI E, ANNISA B A, NANDARIYAH, et al., 2017. Approach grafting of durian seedling with variation of multiple rootstock[J]. Bulgarian Journal of Agricultural Science, 23 (2): 232-237.

附　录

ICS 67.080.10

B31

NY

中华人民共和国农业行业标准

NY/T 1437—2007

榴　莲

Durian

2007-09-14发布

2007-12-01实施

中华人民共和国农业部 发布

前　言

本标准由中华人民共和国农业部提出。

本标准由农业部热带作物与制品标准化技术委员会归口。

本标准起草单位:农业部热带农产品质量监督检验测试中心。

本标准主要起草人:汤建彪、彭黎旭、王明月、周永华。

榴　莲

1　范围

本标准规定了榴莲［*Durio Zibethinus*（L.）Murr.］鲜果的等级、要求、试验方法、检验规则、包装、贮存和运输。

本标准适用于榴莲鲜果。

2　规范性引用文件

下列文件中的条款通过本标准的引用而成为本标准的条款。凡是注日期的引用文件，其随后所有的修改单（不包括勘误的内容）或修订版均不适用于本标准，然而，鼓励根据本标准达成协议的各方研究是否可使用这些文件的最新版本。凡是不注日期的引用文件，其最新版本适用于本标准。

GB/T 191　包装储运图示标志

GB/T 5009.11　食品中总砷及无机砷的测定

GB/T 5009.12　食品中铅的测定

GB/T 5009.18　食品中氟的测定

NY/T 761　蔬菜和水果中有机磷、有机氯、拟除虫菊酯及氨基甲酸酯类农药多残留测定

3　要求

3.1　基本要求

在所有级别中，榴莲鲜果应满足下列要求：

——包装箱体内外无虫体、霉菌及其他污物；

——无因环境的污染所造成的异味；

——无腐烂和霉变；

——无裂果。

3.2 规格

榴莲鲜果按质量大小分成大、中、小3个规格，各规格的要求应符合表1的规定。

表1 规格指标

单位：kg

规格	单果质量
大	≥ 3.0
中	1.5 ~ 3.0
小	≤ 1.5

3.3 质量等级

榴莲分为优等、一等、二等3个等级，各等级及类别应符合表2的规定。

表2 质量等级指标

项目	优等	一等	二等
果皮缺陷	单果果面缺陷大于20 cm² 的果实	单果果面缺陷大于20 cm² 的果实不超过5%	单果果面缺陷大于20 cm² 的果实不超过10%
可食率	35%	≥ 30%	≥ 30%

注：果皮缺陷面积包括虫果、病果、机械损伤等的面积总和。

3.4 容许度

每一包装件中的果实，容许有一定量的果实不符合该规格和等级：

——优等品允许有10%质量的榴莲不符合优等品的要求，但应符合一等品的要求；

　　——一等品允许有20%质量的榴莲不符合一等品的要求，但应符合二等品的要求；

　　——二等品允许有20%质量的榴莲不符合二等品的要求；

　　——允许有20%质量榴莲的大小不符合该规格的要求，不符合要求的部分，应该在该大小类别所示的上下类别中。

3.5　卫生要求

　　卫生指标及相应的检测方法应符合表3的要求。

表3　卫生指标及相应的检测方法　　　　单位：mg/kg

项目	限量指标（MRLs）
无机砷（As）	≤ 0.05
铅（Pb）	≤ 0.1
氟（F）	≤ 0.5
敌敌畏（dichiorvos）	≤ 0.2
杀螟硫磷（fenitrothion）	≤ 0.5
倍硫磷（fenthion）	≤ 0.05
乙酰甲胺磷（acephate）	≤ 0.5
氰戊菊酯（fenvalerate）	≤ 0.2

其他有毒有害物质指标应符合有关国家法律、法规、行政规章和强制性标准的规定。

4　试验方法

4.1　基本要求检验

　　将5个样品逐件铺放在检验台上，观察记录包装箱体内外有无虫体、霉菌及其他污染物；有无因环境的污染所造成的异味；有无腐烂和霉变；有无裂果。并记录结果。

4.2　果实质量

按由小到大的次序称量果实质量记录与类别要求不符的果的单个质量，单位为kg，结果精确到小数点后一位。

4.3　果皮缺陷面积

将单个果实表面有大于1 cm²的果皮缺陷面积进行逐个测量，测得面积相加，按式（1）计算果皮缺陷，结果精确到小数点后一位。

$$X_1（\%）=M_2/M_1 \times 100 \tag{1}$$

式中，X_1 为不合格果质量分数，%；M_2 为不合格果质量，单位为kg；M_1 为抽取样品总果质量，单位为kg。

4.4　可食率

称取总果实质量、皮质量加果核的质量，计算可食率（样品应包含4.2、4.3项目检验捡出的果）按式（2）计算可食率，结果精确到小数点后一位。

$$X_2（\%）=（M_3-M_4-M_5）/M_3 \times 100 \tag{2}$$

式中，M_2 为可食率质量分数，%；M_5 为选取样品果皮（含果柄）质量，单位为kg；M_4 为选取样品果核质量，单位为kg；M_3 为选取样品的果质量，单位为kg。

4.5　容许度

对抽检的每个包装分别计算容许度后，按抽检数综合计算的平均数确定该批样品的容许度。

4.6　卫生检验

4.6.1　无机砷

按GB/T 5009.11规定执行。

4.6.2　铅

按GB/T 5009.12规定执行。

4.6.3　氟

按GB/T 5009.18规定执行。

4.6.4　敌敌畏、杀螟硫磷、倍硫磷、乙酰甲胺磷和氰戊菊酯

按NY/T 761规定执行。

5　检验规则

5.1　抽样

每一独立运输工具（如集装箱、车辆、船舶等），每一品种抽取件数和取样数量按表4规定执行，每批取样不少于5个。

表 4　样品抽取件数和取样数量

总数（件）	抽取数量（件）	取样量（kg）
≤ 500	10（不足 10 件的，全部检验）	5
501 ~ 1 000	11 ~ 15	6 ~ 10
1 001 ~ 3 000	16 ~ 20	11 ~ 15
3 001 ~ 5 000	21 ~ 25	16 ~ 20
5 001 ~ 50 000	26 ~ 100	21 ~ 50
>50 000	100	50

5.2　判定规则

5.2.1　经检验符合第3章要求的产品，该批产品判定为相应等级规格的合格产品。卫生指标检验中一项不合格则该批产品判定为不合格。

5.2.2　贸易双方对检验结果产生争议时，可增加抽样量，扩大检验范围，并以复检结果为准。复检以一次为限。卫生指标不合格产品，不予复检。

6 包装及包装标志

6.1 包装标签应标明品种、等级、产地、生产商、保存条件和时间、销售商（进口商）符合的标准号等的规定。

6.2 包装标志应符合GB/T 191的规定。

7 贮存和运输

7.1 贮存场地要求：清洁、阴凉通风，有防晒、防雨设施，不应与有毒、有异味的物品混存。

7.2 应分种类、等级堆放，应批次分明，堆码整齐，层数不宜过多。堆放和装卸时要轻搬轻放。

7.3 运输工具应清洁，有防晒、防雨和通风设施或制冷设施。

7.4 运输过程中不应与有毒物质、有害物质混运，小心装卸，严禁重压。